中安信联文丛

中国人的智慧安防生活

中安信联文丛编委会 编
曹国辉 李仲男 著

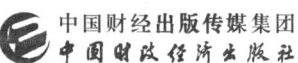

中国财经出版传媒集团
中国财政经济出版社

图书在版编目（CIP）数据

中国人的智慧安防生活／曹国辉，李仲男著. —北京：中国财政经济出版社，2018.9

（中安信联文丛）

ISBN 978-7-5095-8451-4

Ⅰ. ①中… Ⅱ. ①曹… ②李… Ⅲ. ①安全装置－产业发展－中国 Ⅳ. ①F426.63

中国版本图书馆 CIP 数据核字（2018）第 187940 号

责任编辑：崔岱远　刘孺泾　　　责任印制：刘春年
责任校对：刘　靖　　　　　　　版式设计：楠竹文化

中国财政经济出版社 出版

URL：http：//www.cfeph.cn

E-mail：cfeph@cfeph.cn

（版权所有　翻印必究）

社址：北京市海淀区阜成路甲 28 号　邮政编码：100142

营销中心电话：010-88191537

天猫网店：中国财政经济出版社旗舰店

网址：https：//zgczjjcbs.tmall.com

中煤（北京）印务有限公司印刷　各地新华书店经销

787×1092 毫米　16 开　15 印张　166 000 字

2018 年 10 月第 1 版　2018 年 10 月北京第 1 次印刷

定价：68.00 元

ISBN 978-7-5095-8451-4

（图书出现印装问题，本社负责调换）

本社质量投诉电话：010-88190744

打击盗版举报热线：010-88191661　QQ：2242791300

中安信联文丛编委会

罗 军　靳秀凤　王永刚
陈 沛　李仲男　曹国辉
刘 思　郭耀彤

自 序

十 年

  静坐书房，准备为新书作序，忽然想起恰恰也是十年前的 7 月为我的第一本书《审势与破局：大安防时代的企业发展模式》作序。倏忽间，沧海桑田，十年已过，百感交集！

  遥想 2008 年的那个 7 月，笔者首次提出"大安防理论体系"预测，战战兢兢地写下大安防十大需求要素（行业安全、城市安全、环境安全、应急安全、社区安全、家庭安全、个人安全、信息安全、消防安全、国土安全）、五大供应要素（硬件制造、渠道、运营平台、集成施工、增值服务）及安防企业做大、做强、做久之战略路径。十年弹指一挥间，蓦然回首，大安防格局已定。在供给侧改革、"一带一路"、"雪亮工程"等大环境背景下，安防行业正顺路而行。期间虽有增长放缓、中小企业倒闭潮之痛楚，但行业从劳动密集向技术密集、资本密集转型的初心不改，建立柔性制造与运营服务相结合，"互联网＋安防"的完整产业生态闭环之雄心仍在。

  又是 7 月，那是 2010 年的 7 月，我在书房为第三本书《数字中国物联天下》写下序言。其时物联网概念雏形初现，智慧城市建设仍在数字城市的信息化之路上徘徊（2011年"智慧北京"提出后国内才出现"智慧城市"概念）。书中笔者提出了基于一个共性平台和泛在网络、四大应用系统、六类智能传感子网的物联网总体架构。同时，提出基于安全、便捷、健康、高效、文化五大（几十个子系统建设）基本城市职能提升为建设内容，以信息化和低碳节能技术为手段，以资本和商业模式为驱动器，以"产业升级+民生改善"为运营目标的新型城市建设运营模式。时隔八年，智慧城市建设运营仍在路上。"两岸猿声啼不住，轻舟已过万重山"，当年的问题（技术与产品瓶颈）似乎不再是问题，而当年的没问题，却成了如今最大的问题（资金瓶颈）。诚然，中国的城镇化之路仍在艰难中前行，但可喜的是，我们毅然决然地摆脱了土地财政的不良诱惑，并与时俱进地提出了走新型城镇化（中小城镇化+区域城市群）和"智慧城市"发展之路。可预见未来的城市化必将从建设向运营转型，并充分利用民间资本，是三化融合、实业兴邦、可持续发展并惠及民生之"人的城镇化"。

"年儿好过，月儿好过，日子难过。"无论行业多么"安全"，应用与需求多么"智慧"，作为身在其中的企业与个人，日子还要一天天过下去，个中滋味，"如人饮水，冷暖自知"。于是，又有了书中那些专门讲给行业人、投资者、爱好者的知识和故事。

"青山遮不住，毕竟东流去。"至于下一个十年会如何，书中部分给出了答案，部分没有。应该选择哪条路，我想，这很大程度上取决于您要去向何方，毕竟走路的人是您。但我会说，也许这需要放眼未来，专注当前，适度控制支出，凡事往简单处想，往认真处做，每天进步一点，贵在坚持，有时就算失望，也不要绝望，如能做到这些，无论结果如何，想必也无愧于心了。

"今日少年明日老，山，依旧好；人，憔悴了。"十年了，我从当年戏言的"老曹"（2002年办栏目"老曹看安防"，那时其实还是不满三十的毛头小子），成了名副其实的"老曹"。十年的磨砺，让我得到了许多，也看破了许多。我想通常这世间之事，无非"舍与得"：得，搞到手，获得满足；舍，抛弃它，得到解脱。然而，痴迷于妄想执着，又有几人分得清这"舍与得"。有时，我们梦想着事业的成功，却疯狂地追随着金钱的足迹，又因为得不到满足而失落；有时，我们想的是获得，寻找的却是解脱，这当然无法得到满足。

对于未来十年，我心中有一个梦想：建立安防行业历史档案馆（口述历史及相关资料建档），抢救即将逝去的行业记忆，以个人完全公益的行动，回报知我、爱我的行业与社会。

曹国辉
2018年7月
于深圳书房

导　读

这是"中安信联文丛"系列丛书的第一本，本书的目标读者是大安防行业和智慧城市领域的从业人员、相关投资者，以及对安全、安防、智慧城市感兴趣的读者。本书的结构安排如下：

第一章为"破局大安防"，讲述当今安防行业的主要宏观发展背景、需求增长焦点及未来发展方向。作者从供给侧改革和"一带一路"倡议入手，分析在此宏观形势下安防业何去何从。接下来，针对安防行业特色，从"雪亮工程"这个近几年最大的行业需求热点和"人工智能"这个近期最大的技术发展热点，两个焦点话题来解读安防行业发展现状。最后，作者从宏观构筑安全生态环境、微观解读安防企业创业创新、未来诞生安全托管服务商，两种不同的视角阐述行业与企业的发展未来。

第二章为"上市和投资那些事儿"。近十几年来，在资本市场的助力下，大安防行业与智慧城市领域迅速涌现出几百家上市公司。在这一章里，作者主要从上市公司财务数据分析、投融资行为分析、并购整合研究、资本类营销行为分析等几个方面入手，力图帮助读者更透彻地了解上市公司台前幕后的资本手段和操作技巧，并在最后提出经济新常态下，大型上市企业的战略发展模式建议。

第三章为"中国人的安防生活"。这一章较少涉及晦涩的专业知识，作者以通俗、活泼的笔调，为读者介绍生活、工作中方方面面的安全知识与安防问题。从怎样合理投资安全、安全规则的制定、恐惧管理，到增强现实、神经营销学、破解电信诈骗难题等热点安全话题均有涉猎。

第四章为"走入智慧城市"。作者先从城市发展出发，通过对世界各国现代化城镇发展模式、城镇化与社会诸多问题、智慧城市建设中政府角色转换等几方面的介绍，让读者对智慧城市有个基本的了解。然后，从技术角度（不要敬畏技术）、经济角度（从数字经济到数据经济）、投资与运营模式（PPP 的前世今生与未来）等三个维度，详细阐述新型智慧城市建设与运营的理论及实践。

第五章为"多姿多彩的安防人"。这是重点描述安防人日常工作与生活的章节。作者以恣意放松的笔法，试图跟行业人共享时间管理、投资理财、事业规划、学习能力培养、职业转型、职场生存、工作与生活和谐之道等诸多话题。希望能帮助繁忙的安防人得到些许知识之余，也能使他们收获更多的宁静、平和与幸福。

目　录

第一章　破局大安防 …………………………………………… 1

第一节　安防供给侧改革 ……………………………………… 3

第二节　构筑与时俱进的安全生态环境 ……………………… 8

第三节　"一带一路"背景下，安防如何顺路而行 ………… 12

第四节　安防企业的未来——安全托管服务商 …………… 18

第五节　"雪亮工程"——安防新机遇 …………………… 22

第六节　安防企业创业成功什么因素最关键 ……………… 26

第七节　"雪亮工程"的亮点与注意问题 ………………… 29

第八节　十五个字全面搞懂视频监控 ……………………… 37

第九节　人工智能在"雪亮工程"中的应用 ……………… 44

第二章　上市和投资那些事儿 ……………………………… 53

第一节　邪派高手的武功秘籍——上市公司财务陷阱揭秘 … 55

第二节　揭秘上市公司的并购游戏：1+1到底等于几 ……… 61

第三节　股市神话的破灭——新概念、新模式、

　　　　新套路、老问题 …………………………………… 66

第四节　没有航标的世界——论投机、投资与风险 …… 70
　第五节　浅谈安防领域的概念营销 …………………… 74
　第六节　揭秘上市公司财报中的光与影 ……………… 81
　第七节　当行为金融学遇到投资——非理性投资的规律 …… 85
　第八节　论经济新常态下的企业发展模式 …………… 88

第三章　中国人的安防生活 ……………………………… 101
　第一节　安全投入要算账吗 …………………………… 103
　第二节　安防领域的非传统安全威胁 ………………… 106
　第三节　安全攻守道 …………………………………… 111
　第四节　由"杀一救五"命题谈规则的制定 ………… 113
　第五节　心理学的安防应用 …………………………… 116
　第六节　从武器泛滥到恐惧管理 ……………………… 119
　第七节　不要舍本逐末（上） ………………………… 122
　第八节　不要舍本逐末（下） ………………………… 128
　第九节　安全≠安全感
　　　　　——科学的安全评估与合理的安全投入 …… 133
　第十节　增强现实 ……………………………………… 136
　第十一节　神经营销学的崛起 ………………………… 140
　第十二节　电信诈骗、电话骚扰到底能不能治
　　　　　　——深挖根源与解决之道 ………………… 143

第四章 走入智慧城市 ············· 147

第一节 艰难中前行
——城镇化与社会诸多问题研究 ············· 149

第二节 PPP 的前世、今生和未来（之前世篇）············· 153

第三节 世界变了 ············· 161

第四节 从数字经济到数据经济——浓缩产生精华 ············· 165

第五节 撒手、打伞
——智慧城市建设中的政府角色转变 ············· 170

第六节 从虚拟宇宙到智慧城市建设 ············· 174

第七节 不要敬畏技术 ············· 177

第八节 世界各国近现代城镇化发展之路 ············· 186

第五章 多姿多彩的安防人 ············· 191

第一节 大趋势：认知进化 3.0 版 ············· 193

第二节 孔夫子搭台，德鲁克唱戏 ············· 196

第三节 剖析贫富真相，改变自身命运 ············· 200

第四节 职场乾坤之学，安身立命之道 ············· 206

第五节 艰难的选择：中年职业生涯转型 ············· 211

第六节 人要有个人样，不能总靠撒娇讨生活
——驳《男到中年不如狗》············· 214

第七节 天才是怎样炼成的 ············· 217

第八节 职场之怒 ············· 220

第九节 从"正义联盟"到"打防控一体化" …………… 222

第十节 孝之难,在于敬 ……………………………… 225

后　记 …………………………………………………… 227

第一章　破局大安防

第一节　安防供给侧改革

安防行业面对经济下行的压力和IT化的冲击,也面临着极大的机会和很好的前景。深化供给侧改革是当务之急、必由之路。

"供给侧改革"无疑是近年来政府执政的中心议题和媒体关注的热点。这也说明,在当前变化纷杂的经济发展形势下,改革的重要和迫切性。

安防行业一直流行着两个固有的思维:一个是安防永远是朝阳产业,无论经济形势如何,安全需求都会保持增长。在经济状况不好的时期,反倒会由于各种社会矛盾的加剧,安全需求出现较大的增长。另一个是安防不存在"去库存、去产能"等问题,故不需要进行供给侧改革,大家会用几个安防龙头企业这几年来的较快增长来证明。近年来,安全需求的增长,特别是新扩展的应用,也使人们对安防行业发展一直保持着乐观的态度。

其实这是两个误区。在安防发展过程①中,确实存在着上述现象。当前我国宏观经济下行成为新常态,供给侧改革进入攻坚阶段,再持有

---

① 处于我国经济保持中高速增长的时期。

这样的观点，就不利于行业的发展了。

经济下行的压力表现为社会需求的下降，特别是基本建设收缩必然导致安防产品需求的下滑和安防工程商开工率不足。这些影响是直接和现实的，业界已感同身受。而安全需求的增加、系统应用的扩展则是潜在和发展的，需要通过改革才能实现。

作为电子产业组成部分的安防制造业，发展已到了瓶颈阶段，行业的结构性问题（规模小，技术附加值低，同质化严重）突显，进入了供给侧改革的深水区。必须通过深化改革，解决"降成本、补短板"的问题，加快从劳动密集到向技术密集，再向知识密集转变，建成现代制造业的体系。在这一过程中，安防自身的固有缺欠又增加了改革的难度、成本，要付出较高代价，承受产生的阵痛。

新一代信息技术的发展，使知识成为生产力中最活跃的要素，创新成为经济增长的主要驱动力。创新驱动改变了增长方式，改变了供需关系，暴露了传统供给结构的弊病，引发了供给侧改革。现代制造业的重要组成部分——电子制造业率先开始或完成了供给侧改革，表现于制造业由技术密集转向知识密集。我国安防已落后于发达国家，是亟待解决的问题。

"创新"成为供给侧的要素（资源）是知识社会的特征，反映了创新已成为驱动经济增长的重要因素。在这一过程中，信息技术将起到引领和推动的作用。

安防行业正处于调整产业结构、转变增长方式，深化改革的关键时期。除了面对经济下行压力外，还要面对IT化的冲击。实质上，IT化的冲击反映市场对安防需求的改变。

IT化对安防的影响是深刻、全面的。它改变（压缩）了安防行业的产品线，产业链。传统安防是由专用产品构成的系统，具有从前端、传输（网络）到中心管理（平台）完整的产品线。现代安防IT化使专用产品逐步转变为通用产品或通过公共服务来提供。前端设备成为安防的核心产品，并逐渐实现"云端化"，产品线被压缩；IT化使安防系统逐渐无（去）中心化、开放化、服务化。系统"云化"、无中心化、自助式冲击传统安防集成商、工程商。改变和压缩行业传统的产业链。

这就要求安防系统必须顺应信息技术的发展趋势，实现技术的转型和升级，开发和培育新产品、新业态、新应用，以适应需求的改变和应用的扩展。可以说，"调结构、转方式"是安防供给侧改革的核心或同义词，也是"中国制造2025"的基本内涵。

信息技术的发展加速了创新成果的产品转化，缩短了产品更新期[①]，专业化生产的巨大产能迅速地将市场由短缺供给转变为过剩供给。供给方必须不断地推出新产品来刺激需求，同时，还要把过剩的产能（制造的风险）转移出去。于是出现了外包经济。外包后，企业加大创新投入以不断地刺激需求，并减少低端产品供应、提高高端产品供应，扩大公共产品和服务的提供。智能手机的发展就是上述过程的经典范例。

这是创新经济时代的必然趋势。制造业经历快速发展后，"以量获利"的模式到头了，必须找到新的获利方式：从制造获利向服务获利，从产品直接获利到产业链获利再分配。国外一些大企业纷纷减少甚至放掉产品制造的缘由就在于此。

---

① 很多新产品主要是软件的升级。

我国安防行业供给侧改革的目标是：从劳动密集转为技术密集，建立现代制造业体系；建立弹性化生产和高度细分、极度专业的供应链；培育和发展现代（安防）服务业。改变生产以量获利，以资源和政策红利支撑发展的模式；转为以质获利，以知识获得更高的附加值。

在"调、转"的过程中，培育和打造"创新＋服务型"骨干企业；建立现代（技术密集）制造企业，形成细分的、高度专业化的供应链；完善和创新安防服务体系和业态。

"创新＋服务型"企业，坚持创新驱动发展，不断地开发新技术、新产品，开拓新应用，以激发和满足不断变化的需求，并以完善的服务（云平台）支撑持续的创新和支持创新技术、产品的应用。它们是行业的龙头和骨干，引领技术的创新，带动行业的发展。

这样的企业不会很多。苹果、三星、华为等就是这样的企业。

大型代工型企业，创新生产、管理方式，实行弹性化、模块化、组装式生产，它们是能兼顾效率和弹性（两者的平衡）的技术密集型企业。制造要获利，必须有效率，因此一定要专业化。但创新经济时代，产品的"快变"又要求制造有良好的弹性。实现平衡的途径就是技术密集的组装化生产（生产高度弹性化）加细分的极度专业化的供应链。

代工企业的创新不在于产品的开发，而是采用现代制造技术，高效、可靠地将新产品迅速地推向市场。利用信息技术实现制造设备（机器人、数控、智能）、生产方式（组装、模块化）的创新是现代制造业的基本特征。

完善的供应链，高度专业化的细分的供应链是支撑现代制造的另一个要素，也是保证高效和可靠的重要因素。这些企业的规模可能不大，但不再是传统劳动密集型企业。所以说制造业的改革不仅是加工转向代工，而是供应链的扩展。生产的高度弹性化和供应链的细分和专业化正是信息技术发展的突出特点（模/数、仓储式生产、软件开发等）。

完善的安防服务业，服务将成为安防行业新（主要）的增长点。服务不再是传统的售后服务的概念，而是支撑技术创新、应用创新和观念创新的平台；服务不再是以劳务为主的业务，而是知识交付和传递的渠道。服务系统将以"云"为平台，O2O为主要业态。

云计算、大数据、物联网应用是服务的主要内容。将出现"互联网+""安防+"等服务企业。

总之，安防现在确实面临很大的压力和冲击，但是压力和冲击也意味着我们面临着极大的机会和很好的前景。供给侧改革是当务之急，是发展的必由之路，要坚持创新发展；调整产品结构、完善产业结构；提高高端（独具安防特点）产品供应；增加公共产品和服务的提供，以不断地刺激和满足变化的安全需求。

（李仲男）

第二节 构筑与时俱进的安全生态环境

新技术带来了安防产品的升级，同时也推动安防系统应用领域不断扩展。从早期的专业行业安全应用，到普遍的商业领域安全，再到城市安全、民用化安全等的全面普及。从纵深方向也由广深、京津、沪杭三大产业集群向三四线市场深入渗透。

伴随新技术的日益普及，也带来了一些新的问题，比如：安防体系由打击、控制向预防转变，安防产业链重心由产品制造向集成施工再向综合服务转移，安防产业由建设向运营转化。

尤其是高速发展的技术使个人逐步失去对自身安全的控制权，也导致隐私无法得到有效保护。我们生活在摄像头的监控之下，我们交流的电话、邮件、微信等受制于各大运营商，我们的兴趣爱好搜索引擎和电商平台最了解……各类行为数据（模式识别）、社交数据（交互数据）、商业数据（交易数据）、服务数据、传感数据（面相/指纹等）都通过智能终端采集、开放的泛在网络传输，最终被各大平台企业、运营商、银行、政府机构实时掌握，而大数据、云计算、AI等技术的发展，急剧扩大了这些运营与监管机构的权力，但同时也使数据/信息安全问题日益凸显。

构筑全方位、立体化的安全生态环境以适应新时代、新变化。新技术变革带来安全环境的巨大变化，我们只有在技术、法律、文化、环境、社会道德等几方面同时发力，构筑与时俱进的整体安全生态环境才能更好地适应新时代的快速变革。

一、安全与技术

实施安全手段、应用安防系统的目的，是帮助人们获得更安全的环境。而安防系统作为一种技术手段，要随外部环境变化进行实时调整，来适应这种新形势。

安防系统起步于数字化与网络化，发展于分布式与云化，在未来走向智能化与大数据应用，可以说，其每一步发展都离不开技术的支持。但"水能载舟，亦能覆舟"，比如：移动互联技术的发展、智能手机的普及应用，让我们生活变得更加便捷、高效，然而，无穷无尽的电话骚扰、电话诈骗却让我们不胜其烦，每年仅此两项就造成国家几千亿元的损失。

技术是把双刃剑，关键看我们怎样用其刃、防其险，如现在流行的区块链技术应用于金融领域，对实体银行业务将产生巨大影响，可能带来系统性金融风险，但其作为一种信息安全技术和补充支付手段时，估计将极大地有利于保护个人隐私（痕迹抹除）。

二、安全与环境

环境是安全的载体，安全是对环境的保护。要创造安全的生态环境，使人与自然和谐相处，一方面要对固态环境（如垃圾处理）、液态环境（如水处理）、气态环境（如空气治理）进行全方位的保护、治理与修复,以及清洁能源的开发利用和低碳技术体系的建设、运营;另一方面是对自然灾害的处置,包括地质灾害(如地震、火山喷发)、气象灾害(如海啸、台风)、生物类灾害(如蝗灾),进行预防、响应和恢复。

同时,营造安全的社会环境也很重要,包括稳定的政治环境、安全的公共卫生环境(如食品安全、疫情控制),以及可控的社会治理环境(如恐怖袭击、重大经济与金融危机防范等)。

三、安全与政策法规

政策法规是安全的重要保障。为此,我国已经形成包括生产安全、消防安全、职业安全、卫生安全等一系列比较完备的安全相关政策、法律、法规、标准、资质、认证与培训的综合体系。这些政策、法律文件经常会反映出中央对公共安全的新思维,如编制全方位、立体化公共安全网,构建安全风险防控体系,加强社会治理创新,用大数据、云计算等高新技术破解社会治理难题等,都是由这些文件首先提出、传达和部署的。

四、安全与文化

构筑全方位的安全生态环境,离不开社会文化的认同。这包括两个层面的认同:一是从时间发展的角度看,不同年代群体的文化观念,对安全的认知差异很大,一般新生代群体往往更重视隐私保护,可以为之付出的安全代价更高;二是从空间扩展的角度看,本国文化与外国文化的冲突与融合。中外文化交流过程中,本土文化主权的保护,传统习俗、信仰、思维方式、价值观的保护与传承,都应该属于文化安全的范畴。在全球化的今天，文化已经成为国际竞争和综合国力较量的重要内容，以及实现本国安全战略的重要手段。

五、安全与道德

安全是一种责任，也是一种道德；安全是一份义务，更是一种奉献。我们的幸福生活来自安全的保证。2000多年前，管仲曾说过："道德当身，不以物惑"。在日常生活中，各行各业的相关人员，只要秉承不贪利、不损德、不懈怠的行为标准，就会极大地减少各类安全事故（如生产安全中的豆腐渣工程、食品安全中的毒奶粉事件、信息安全中的电话诈骗等）。同时，社会也要更加完善职业道德的规范化管理，来减少玩忽职守、徇私舞弊、懒政惰政的社会毒瘤。道德关乎生存质量，安全呼唤道德。

我们生活在日新月异的时代，技术的迅猛变革，倒逼大安防体系的快速成长、成熟，以适应这种变化。这就需要整个社会、全部机构、每一个体在文化、技术、环境、法律、道德等方面做出快速响应和积极改变。

（曹国辉）

第三节 "一带一路"背景下,安防如何顺路而行

北京"一带一路"国际合作高峰论坛再次把全球的目光聚焦到中国,聚焦到"一带一路"。世界希望改变经济增长乏力的态势,从这里找到新的增长点;发展中国家希望加强基础设施建设,增强经济增长动力,从这里得到资本和技术。我国也希望能把过剩产能和劳动密集产业转移出去;国内各地区、各行各业都对"一带一路"寄予厚望,希望能顺路而行。

一、"一带一路"

"一带一路"是中国首倡、高层推动的亚欧非经济共同发展架构。它借用中国古代丝绸之路的历史符号,高举和平发展的旗帜,积极发展与沿线国家的经济合作,共同打造政治互信、经济融合、文化包容的利益共同体、命运共同体和责任共同体。

丝绸之路是起始于古代中国,连接亚洲、非洲和欧洲的海上、陆上商业贸易路线,最初的作用是运输古代中国出产的丝绸、瓷器等商品,后来成为东方与西方之间在经济、政治、文化等方面进行交流的主要通路。"一带一路"是指这两个通路所联结的国家和地区,也泛指发展中

国家和地区。以"一带一路"命名，表明倡议是对自古以来中国睦邻友好、平等互惠传统精神的继承和发扬。

"一带一路"构想的提出，契合沿线国家的共同需求，为沿线国家优势互补、开放发展开启了新的机遇，是国际合作的新平台。"一带一路"在平等的文化认同框架下谈合作，是国家的决策，体现的是和平、交流、理解、包容、合作、共赢的精神。对我国现代化建设、屹立于世界民族之林具有深远的意义。

二、国际背景

当今世界正发生复杂深刻的变化，国际金融危机深层次影响继续显现，世界经济缓慢复苏、发展分化；国际贸易格局和多边贸易规则出现深刻的调整。"一带一路"倡议顺应世界多极化、经济全球化、文化多样化、社会信息化的潮流；秉持开放的区域合作精神，致力于维护全球自由贸易体系和开放型经济；促进经济要素有序自由流动，资源高效配置和市场深度融合；推动沿线各国实现经济政策协调，开展更大范围、更高水平、更深层次的区域合作。共同打造开放、包容、均衡、普惠的区域经济合作架构。

共建"一带一路"符合国际社会的根本利益，彰显人类社会的共同理想和美好追求，是国际合作及全球治理新模式的积极探索，将为世界和平发展注入新的正能量。

共建"一带一路"致力于亚欧非大陆及附近海洋的互联互通，构建全方位、多层次、复合型的互联互通网络，实现沿线各国多元、自主、平衡、可持续的发展。增进沿线各国人民的人文交流与文明互鉴，让各国人民相逢相知、互信互敬，共享和谐、安宁、富裕的生活。

三、中国背景

我国改革开放取得了巨大成就，同时也存在着结构性的问题，迫切需要深化供给侧改革。以开放促改革是我国经济发展的基本经验，秘诀之一是通过融入世界经济来倒逼改革。"一带一路"倡议就是今后我国对外开放的总纲领，全面深化改革的总钥匙。通过融入国际治理和开展国企的跨国产权合作，将为我国经济治理、国家治理、社会治理进一步引入来自治理体系之外的监督主体，创造强有力、更有效的外部监督，从根本上提高效率。当前，在经济新常态和改革创新情况下，迫切需要加强以"一带一路"倡议为引领，构建开放型经济新体制，促进国内各领域改革，特别是供给侧改革。我国经济结构失衡主要有：产能过剩、外汇资产过剩；劳动力成本提高导致生产成本提高；环境问题日益严重；油气资源、矿产资源对国外的依存度高；工业和基础设施集中于沿海等。

当前，中国经济和世界经济高度关联。中国将坚持对外开放的基本国策，构建全方位开放的新格局，深度融入世界经济体系。推进"一带一路"建设既是中国扩大对外开放的需要，也是为人类和平发展的贡献。

四、华为与中兴的启示（典型案例）

2013年，华为公司就其海外业务和机构的安全防范问题，咨询行业的相关机构。

通信基站等无人值守设施的防盗和防破坏。公司在非洲国家和中东地区开展通信业务服务，建有大量通信基站等基础设施。这些设施基本无人值守，且环境较为恶劣。经常会发生被破坏的情况，破坏的目的是盗窃设施内的物品，将高价值的设备、器材，作为废品低价出售。由于许多设施位于偏远、荒漠地区，即使报警器发出了警报，也无法进行有效的反应（人员到达现场）。而且，当地警方是不管这些事的。有些设施中方人员可能到达现场，也不能有效地制止和处理事件，破坏设施的人往往会持有武器，中方人员在使用武器和处置这类事件上，还存在一些法律上问题。

另外，公司在当地机构（分公司、办事处、人员驻所）的安全保卫。目前有些公司聘请了国外保安公司，如GF4等。通常保安公司只负责机构内的安保工作，对机构外、野外设施及路途是不负责的。而且在关于安保职责的认定上也有差别，在交流上也不很方便。

咨询机构给出的解决方案是：前端设施的安防系统以物防为主，增加防攀爬装置，提高攀爬设施，剪切电缆的风险；提高门、墙体等的抗冲击能力，提高门、锁具的防机械破坏和技术开启的能力（时间），即增强系统的延迟功能，有效地防止入室破坏的发生；增加警告功能，当入侵破坏发生时（接近设施或实施破坏），现场即刻发出警告（警号、警灯、话音）。现场设置警告牌，提高系统的威慑功能；利用通信系统的优势，建立网络化监控（音、像、警）系统。

对于机构的安保工作，建议选择中国的安防服务（保安）公司承担。可以由海外公司与国内安保公司签约，也可由华为与安保公司签约，安保人员作为华为内部人员到海外任职。

2015年，中兴公司就"卡拉奇城市视频监控系统"，咨询相关机构。该系统规模并不大（较之国内平安城市），但在巴国则是首个大型城市监控系统。相比国内的监控系统，功能要求很简单，主要是城市状态的实时监控。但对系统图像质量和前端设备的防破坏有特殊的要求，主要是摄像机要适应当地的环境（光照），全天候地获得可用图像和前端设备能防止暴力的冲击。项目建设与运维委托中兴公司承担，因为它是当地的通信运营商。

专家的建议是项目采用宽动态、主动红外摄像机，以适应昼夜之间的高照度差及高反差；摄像机外壳防暴设计，提高抗机械打击能力。传输系统的布线、与前端设备连接采用全隐蔽方式，提高系统的防破坏能力；改进监控中心的人机关系（布局、观察距离、显示方式、显示设备选型等），提高实时监控的效果。

以上案例说明了对安防需求的情况和特点，特别是中国公司海外业务和机构的安防要求。其实，我国安防产品和技术进入国外市场（包括发达国家）已有多年，具有相当的规模，主要是产品（摄像机）出口。上述需求则是由我国公司走出国门所带来的。除产品外，还包括解决方案和安防服务。

显然随着"一带一路"的进展，会有更多的中国公司到国外发展业务、在国外设厂、安防需求必然有很大的增长。安防行业满足这个需求，不仅是自身发展的机遇，也是为"一带一路"保驾护航。

五、安防顺"路"而行

"一带一路"沿途国家多属发展中国家，经济发展上升潜力巨大，"一带一路"倡议的提出与实施对有志于"走出去"的中国企业带来了机遇，也为我国安防企业外向型发展提供了难得的机会。

首先,"一带一路"沿线基础设施建设项目配套的安防工程,比如高铁、高速公路、大型场馆(会议中心、体育场馆等)、电力工程、通信工程、石油化工等。这些项目很多由我国企业援建或承建,安防企业可以"搭船""搭车",顺路而行。与各行业投资企业联合参与项目建设。

其次,沿途国家正面对在社会转型、经济增长时期,由于各种矛盾激化,而出现的严峻的安全形势。可利用国内平安建设积累的经验和安防技术、产品优势,利用上述项目的示范效应,将平安城市、行业解决方案推广到相关国家和地区。

再有,为我国沿"一带一路"走出去的企业提供安防服务,如上节所述的案例。满足这些需求,不但要求安防产品走出去,还要求安防服务(保安)走出去。可以说是相伴出行,为中国企业的"一带一路"保驾护航。

最后,安防、安保企业可以利用"一带一路"政策,借助上述活动走出去。进行资本输出,并购国外相关安防企业,开拓沿线国家市场;转移劳动密集型产能,海外设厂、设机构,生产安防产品,开展安防服务。

总之,安防企业参与"一带一路",要实现产品、技术走出去;安全服务走出去;安防企业走出去。在这个过程中,要注意目标国家和地区社会环境、人文环境、自然环境、技术要求及安全观念、安防需求和价值观的差异和特点。敢于观念创新和应用创新,通过"创新"完成供给侧改革,为行业发展开拓一片新天地,为国家"一带一路"添砖加瓦、保驾护航。

(李仲男)

第四节 安防企业的未来——安全托管服务商

尽管安防产品与技术进步日新月异，但在用户采购与体验方面，多年来一直停滞不前。

一般来说，用户采购有三种模式：一是单品采购，这适用于较小的单位或个人，用户向多个企业分别采购产品或套装，自己组装，但各产品间常有互不兼容的现象，很难保证稳定的互联互通；二是项目采购，用户指定主要产品，集成商与工程商实施，此时往往是一个好的产品加上一堆垃圾产品的组合，在价格上水分也更大一些；三是项目委托采购，全权委托集成商实施，这种方式更难对项目质量把控，有时一过质保期产品与集成的问题就纷纷暴露出来了。

其实，这三种方式都不可取。究其原因，这些方式人为地将产品、系统与集成、施工、售后服务、运营服务各个环节割裂开来，导致系统集成难度大、不稳定，出了问题时，不同身份的企业互相扯皮。最关键的是这些模式并没有很好地满足用户需求，使用户采购难度加大，使用并不方便，综合成本增加。

从用户需求的角度出发，其实没有用户喜欢购买安防产品、技术、服务，他们真正想要的购买的是"安全"。何为"安全"？无危为安、无损为全，也就是说，为用户避免危险、减少损失，是用户最关心的。如果一个企业能以简洁的方式满足这种需求，那将是用户最佳的选择。就像我们去餐厅吃饭，我们不会自己带着筷子、碗碟、原料、厨师，这些我们并不关心，我们需要的就是最简单的"掏钱—选择—吃自己喜欢的美食"。安全需求也是如此，用户当然喜欢简单科学地满足需求，只找一家企业"掏钱—选择—实现安全"，至于其他与用户何干？

我将这种简单易行的用户体验模式称之为"安全托管服务"，相信这将是未来大安防产业格局的最重要的一支力量[①]。

所谓"安全托管服务"，应由三部分组成，即：智能前端+云平台+综合安全运营服务。首先是智能前端。AI 等技术的迅猛发展，使前端不再局限于仅仅是信息采集，也同时成为识别（人/车/物）、判断和决策的工具。其次是云平台。它将负责对数据的存储、视频分析、大数据处理等工作，与传统的安防存储相比，云平台更多提供了信息增值服务。最后也是最重要的，是综合安全运营服务。只有通过这种落地的实体化服务，才能真正面对面解决用户的最后一公里需求，它整合了集成与施工、报警运营（含接出警等）、售后与运维、应急响应、指挥调度等多种服务于一身。除此之外，安全运营服务也不应忽略对用户财产损失的考虑，我相信整合保险类服务将成为安全运营服务的核心业务之一。

毋庸置疑，市场需求呼唤"安全托管服务"。相信不远的未来，安防市场将存在两大类企业。

---

① 这将涉及产业链重构及重心后移。

综合的大型安全托管服务商，全方位解决用户的共性安全需求。从目前现状来看，传统的大型安防产品制造商、系统集成商将有望通过业务转型升级①，进阶为此类企业。另外，一些其他领域的大型企业也正在跨界整合产品线大举进军安防产业，如平安科技，依靠保险业务、生物识别技术优势，加大安防业务投入；华为凭借压缩芯片技术实力与大型项目运作能力抢夺大项目市场；360欲以信息安全切入安防；中安信联建立互联网生态平台，服务中小集成商，解决其项目资金、人力调度、项目需求、技术与方案、软件平台等瓶颈问题。

中小型专业的安全托管服务商，解决专业应用领域用户的个性化安全需求。目前来看，专门针对某一应用领域深耕细作的集成商，将最有可能通过业务升级成为此类托管服务商。因为他们对用户的需求理解更为透彻，更容易通过个性化定制的托管服务，解决用户独特的安全需求。具体操作时，此类企业不一定云/端/服务全由自己完成，可凭借集成业务、售后/运维服务为核心，按用户的具体需求，整合智能前端，延展后续服务，将前端、平台、服务凝聚在一起，形成统一的服务产品。由于这种服务总体市场容量有限，且专业度较强，又需要定制开发，所以大型企业操作起来并不具有成本优势。

安全需求是一种与众不同的需求，本质上讲人们寻求安全的目的是为了建立"安全感"，而非体验安防产品或系统。用户并非一定是安防产品的使用者，但却一定是安全环境的受益者，并愿意为此付费。基于此，如何以最简单的方式，让用户能舒适地（生产）生活于安全环境

---

① 打通产业链前后端，形成上文提到的"端+云+服务"的业务线布局。

中，才是解决安全需求的关键。相信"安全托管服务"在不远的未来，必将成为主流的用户体验模式①。而到那时，安防产业也将再次迎来一轮重大的产业重构，有志于改变的从业者们，行动起来吧！

（曹国辉）

---

① 其他行业已经发生了这种改变。

第五节 "雪亮工程"——安防新机遇

目前开展的"雪亮工程"试点项目,是继平安城市建设、"3111"试点工程后,又一项城市视频监控系统建设高潮,体现了日益增长的安全需求,是安防发展的新机遇。它呼唤视频监控技术的创新,它是对安防技术提出的新挑战。

一、"雪亮工程"

"雪亮工程"是以县、乡、村三级综治中心为指挥平台,以综治信息化为支撑,以网格化管理为基础,以公共安全视频监控联网应用为重点的"群众性治安防控工程"。它通过三级综治中心建设,把治安防范措施延伸到群众身边,发动社会力量和广大群众共同参与治安防范,让广大群众睁开雪亮的眼睛,共同监看视频监控,从而真正实现治安防控"全覆盖、无死角"。充分发挥视频监控系统的作用,推进社会治安防控体系建设。因为"群众的眼睛是雪亮的",故称"雪亮工程"。

2016年6月,雪亮工程在全国第一批50个城市先行先试;2016年10月,全国综治南昌会议再次指出:中央已将公共安全视频监控系统建设纳入"十三五"规划和国家安全保障能力建设规划。会议全面部署开展雪亮工程建设。

具体地说，"雪亮工程"是又一波视频监控系统建设高潮。新世纪以来，政府推动的视频监控系统建设已有过两次——"平安城市"与"3111工程"。都是以城市为中心开展的安全系统建设，"雪亮工程"是以县、乡、村三级为中心，但试点工作仍然从中心城市展开。这三次视频监控系统建设体现了不同时期安全需求的特点和变化，恰逢视频监控技术发展的不同阶段。

"平安城市"是由公安部、科技部组织的科技创安工程。目的是提高公安业务的信息化水平和基础系统建设。视频监控系统是建设的重点。当时，许多城市还没有城域性的监控系统，可以说是尝试性的工程。其技术路线是传统局域性系统的扩展，模拟摄像机的集总式系统（模拟视频信号通过光缆、电缆传送到监控中心）。比如刚刚面市的DVR获得了应用，实现了视频信息的数字压缩和非线性存储。

"3111工程"是公安部主导的视频监控联网示范工程，目标是建立城市派出所、公安分局、公安局的三级治安监控平台。当时正值视频技术处于模、数交替，网络化的初始阶段。探索建设全数字的、以网络为平台的视频监控系统的经验是试点工作重要目的。实践证明：通过"3111工程"，视频监控系统完成了模拟向数字的转变，实现了网络化（通过网络环境传送数字压缩视频信号），为城市视频监控系统建设起到了很好的示范作用，积累了经验，引领了随之而来的城市视频监控系统建设高潮。同时，安防技术也开始了IT化的进程。

"雪亮工程"是由中央综治委发动的治安防控系统建设，是2015年九部委"关于加强公共安全视频监控建设联网应用工作的若干意见"发布后，开展的第一个项目。显然、视频监控系统建设是重点；组网应用是基本技术路线。这就要求系统建设一定要解决上两次项目暴露和遗留的问题，使视频监控的眼睛更加雪亮。

二、顶层设计规划和构建系统

"雪亮工程"的建设一定要以新一代信息技术为基础，以图像信息深化应用为重点。要有技术的创新，还要有系统管理和运行模式的创新。可以说，"雪亮工程"与上两个项目相比，支撑的知识体系变了，实施的技术难度高了，系统设计理念、方法变了，本质上，不再是以往系统的重复和扩展。因此，"雪亮工程"对安防企业特别是安防集成商和工程商提出了更高的要求。

随着IT的进程，视频监控系统越来越"软"：系统的专用设备少了，通用设备多了，这些设备通过专用的软件（中间件）来实现系统的专用功能和服务；系统越来越"虚"：广泛地采用云计算、物联网等技术，系统资源虚拟化了，许多功能和服务通过外包或购买服务来实现，系统物理上的边界模糊了。因此，系统的集成的概念变了，不再是功能的组合、设备的连接，而是通过系统、技术、数据的融合，实现可自主生成、自主成长和扩展的结构体系。系统必须采用顶层设计的理念和方法，从规划和构建系统架构入手，面向服务、而不是面向功能的设计系统。

这些工作往往会由集成商来完成，要求这些企业能及时实现知识更新、技术升级转型。因此，企业加强技术培训就显得十分重要。既要培训自己的员工，提高技术能力；也要加强用户的培训。这是保障系统良好运行的重要措施，也是培育市场的最佳手段。

三、人的智慧参与

服务系统必须有人的智慧参与，"雪亮工程"特别强调广大群众参与是社会治理的创新。如何让广大群众共同参与治安防范，如何让人民群众雪亮的眼睛使视频监控的眼睛更加雪亮，是摆在安防行业面前的新课题。

用户的参与是人的智慧参与，可以提高系统与业务工作的贴合性；提高系统服务业务工作的能力。我们说，大数据提供了洞察事务的新视角，就是由用户参与所产生的观察、分析事务的新维度。

运营商的参与也是人的智慧参与，它是用户参与的执行者，增值服务的创造者。运营外包是公共管理、系统建设的新理念，"雪亮工程"应采用这样的管理和运营模式，并不断探索更有效率的方式，以保持系统的活力。

安防行业正值深化改革的关键阶段，传统与现代安全体系的转型期，也是行业发展的机遇期。行业经过产业结构调整，产业集中度提高了，规模效应已明显地表现出来，中小企业不改变过去的竞争方式，会面临更严峻的局面。要么成为大企业的供应链，要么成长为创新型企业，实现特色化、差异化发展。工程商、集成商要适时转型为服务商，并占据知识的制高点。"雪亮工程"恰是转型的切入点。

（李仲男）

第六节　安防企业创业成功什么因素最关键

前些天几个朋友吃饭,聊到了创业,席间大家为了"创业中什么因素最重要"争执不休。有的人说是创意,有的人说是团队,有的人说是人脉,有的人说是坚持信念和顽强努力,还有的人说是战略与商业模式。

回到家中,正值周末,看了一些有关资料,其中一位叫 Bill Gross 的商界人士的观点令我十分赞同。这位 Bill 是个创建百余家企业并有多年专门从事创业公司研究的老江湖。他针对 200 余家创业企业进行调研,提出了五大创业关键因素:创意与战略、团队与执行力、商业模式、募资能力、创业时机。起初,他的自身经验告诉他创意与战略最重要,其次是商业模式。但通过几年的创业公司监测与评测统计,他得出了与自身直觉判断完全不同的结论。这五大要素的排序是:创业时机(42%)、团队与执行力(32%)、创意与战略(28%)、商业模式(24%)、募资能力(14%)。

看到这个结论,一开始我很难接受。这五大要素我相信大部分人是认可的,但这种排序显然与我们的经验、经历有较大冲突。难道好的创意点子和盈利模式不是创业的源头和重中之重吗?难道没有募资能力也能创业吗？

思考良久后，我认同了比尔的观点。就像当初苹果、微软、阿里、京东一样，没有翔实的战略方向，没有清晰的盈利模式也可能在成长中逐步完善。追根到底，他们创业成功最重要的是选择了正确的创业时机。

我所从事的安防行业亦如是。早期的安防市场供需信息完全不对称，一个高速球摄像头可以凭借两三千元的成本，轻松卖到上万元的价格。这时的安防业处在刚刚起步的超速膨胀阶段，企业所要做的关键行为是"选择"，选择加入这个纯粹的蓝海市场就会有暴利可图。对于这些20世纪90年代的安防创业者我曾称之为"水涨船高型增长模式企业"①，行业之水的快速高涨带来企业之船的自然升高，这里无须过多的经营管理技巧，重要的是选择加入这个难得的商机。

在早期安防业中，我们国产企业仅限于做国外产品的代理商与代工者。后来，在这一过程中，我们积累了大量的生产与销售经验，于是我们的创业者开辟了制造业的腾飞。但此时国外品牌仍几乎完全控制着中高端应用市场。此时的安防业各大细分市场中，仅仅是DVR市场隐含一线商机。由于国外DVR以单帧图像存储为主（连续视频不能作为法庭证据），而国内市场需求更重视实时性的视频图像存储，所以在DVR产品应用中，国内需求与国外品牌产品供应并不匹配。正是抓住了这一市场商机，先后出现了德加拉、黄金眼、行者猫王、海康威视、大华、华三（宇视）、大立、诚丰等三代DVR企业的蓬勃发展，并打破了派尔高、松下、索尼、三星等国外品牌一统江山的局面，也由此将这一战果

---

① 作者2002年文章。

通过海康、大华、宇视等品牌，逐步渗透到产品线前后端的摄像机、监视器等细分应用领域。

到了2006年，安防业又迎来了资本化的超大商机。在这一轮商机中，首先介入的是摩根士丹利、英联投资等国外资本大鳄，后来国内资本，如红塔集团、联想投资等也纷纷加入。当时这些资本大鳄都曾找过笔者推荐国内良好的准上市企业资源①，笔者也曾将国内安防业前十几位企业推荐合作，但由于国外资本方决策机制较慢，国内资本方对行业发展信心略有摇摆（观望），这个最佳时机很快就被国内安防企业自己把握住了。CSST的横空出世和大量并购迅速赶走了海外投资集团，海康、大华等一批安防企业随后独立上市。安防新市场格局一锤定音，自此，奠定了安防业从500亿到6000亿规模的10年快速发展之路。

当前，安防业正在经历又一次巨大的商机。传统的安防产业，正在由单一的封闭应急体系向开放的大安防预警体系转化，依托大安防的背景，"互联网+安防"的转型呼吁出现综合的生态型平台企业。此外，安防产业链中后端（集成、施工、运营服务）也亟待整合出综合的大型安全托管运营商，其将拥有"智能前端+云平台+综合安全运营服务"的业务布局。笔者相信，在新一轮大安防产业链重构之后，这将是未来大安防产业格局中最重要的一支力量。

（曹国辉）

---

① 当时笔者为业内唯一安防市场研究机构负责人。

第七节 "雪亮工程"的亮点与注意问题

"雪亮工程"相比于平安城市和"3111工程",支撑的知识体系加深了;实施的技术手段难度提高了;系统的设计理念与方法升级了。不能再采用面向功能的传统设计路线;必须采用面向服务的顶层设计思想。这些都对参与"雪亮工程"的设计单位和工程商提出了新的要求。实现"雪亮工程"的目标和亮点,应解决以下几个问题。

一、正确理解"云计算、大数据、AI"

目前,大多数视频监控系统都宣称采用云计算、大数据等,特别在图像存储方面,云存储已是系统建设的基本要求,云存储也成了视频库建设的基本方案。但是,实际上真正的云系统并不多,还有真云假用的情况。要求我们能科学、准确地理解云计算的定义和应用,能分辨真假"云",建设好,并用好"云"。

在安防领域,构建系统有两种思路:一是IT行业的技术路线,从开放性、服务性的角度、进行系统资源的规划、配置和整合:采用开源的软件(Openstack)和融计算等技术,建设真正的云系统;二是安防行业的技术思路,在专用系统平台、NVR的基础上,实现分布式架构。而且特别强调视频监控系统的专用性和安全性。这样的系统可能是"假云"。

大数据的应用如同前面的说明，数据挖掘是实现大数据价值的正确路线，是真正的大数据应用。

目前，对人工智能（AI）应用存在两种倾向：一是神秘化，展现的都是天上的美好，可望而不可即；一是庸俗（标签）化，什么都是AI（贴上AI标签）。对此，我们要回到AI的"初心"，它是自动化技术的基础支撑技术，也是安防系统的基础技术，涉及安防的方方面面。

在上述认识的基础上，搞好视频库的规划和设计：明确视频库输入（信息源）的图像格式、码流、内容等；明确视频库支持的大数据应用和需要对信息（数据）所做的变换和处理，确定大数据应用的成果输出方式、展现方法。特别是对视频库的安全策略做出明确的说明，选择适当的网络环境，构建适合公共安全视频监控系统应用的视频库。

二、数据融合

图像标识是图像（视频）信息结构化的一个重要途径（方法）。图像标识主要有：标识图像中的目标（人、车、物），需要一帧或几帧图像就可以对图像中的目标进行标识；如对图像中人的性别、年龄、衣着、服饰及状态（步行、骑车、站立等）做出标识。图像标识最好由前端摄像机完成（边缘计算），通过融合多种信息（数据）可以提高标识的精准性和效率，如采用感知摄像机、融合图像、移动通信、WIFI、音频及传感开关量。

标识视频图像中发生的事件，需一段视频（图像序列），才能对事件做出标识。目前，系统的能力离业务需求还有差距。通过深度学习，可提高系统的实用性。上述技术可称为图像的半语义解释,严格地讲:并不是视频信息的结构化。通过融合多媒体数据,可以更深刻地理解图像,如融合声音,可准确地理解两个物相接触的性质,实现对事件的标识,成为"雪亮工程"的亮点。

通过多种数据融合,生成城市空间状态图像是一种可视化展示的图像结构化处理。可以从多个维度(人、物、信息)、多个层面(交通、天气、活动),反映城市的实时状态和变化。实时、动态变化就是趋势。良性趋势要保持,不良的趋势就是风险,要采取适当方式改善,就是风险管控和预警。

构成城市空间图像,AI 是基本技术,数据融合是最佳技术路线,可以说上述内容是最适合人工智能的应用场景,也体现了视频监控特点的亮点。

三、监控区设计

摄像机的布局和安装方式是视频监控系统的设计要点。通常,主要根据环境因素(社会、地理、气候、光照、建筑、绿化及重要性等)选择机型,确定数量、安装高度、方位等。其实,上述内容最重要的依据是图像鉴别能力和监控范围的要求。

摄像机覆盖是指摄像机获得可用图像的范围。通常,可用图像用图像鉴别能力表示。图像鉴别能力分为探测、分类、识别三类。

探测:可以发现图像中出现(有无)目标,如报警复核功能,发现监控区(对应于探测区)有触发探测器报警的目标。

分类:可以对目标做出分类。区别人、大型动物及动物的种类,这是过程监控的基本要求，如道路监控、单位的周界监控等。

识别：可以对目标进行个体（身份）认证，是重要部位和各类出入口监控的要求。如建筑的出入口、交通轨道交通的验票口、安检通道等。

以实验证明图像鉴别能力的评价，对于大目标（人、车等），以其占全图像比例来界定；对于小目标（小物体、文字），以其占有像素来判定。

根据系统设计的规定，能满足相应图像鉴别能力的图像就是可用图像，摄像能生成可用图像的视场范围就是覆盖（区）。

监控区是指地理相连、功能相关的区域。在监控区域内，应统一考虑前端设备的选型、数量、安装。而不是一个点一个点地分别规划。同时，要统一设计各摄像机的覆盖区，并以整个监控区内，摄像机获得可有图像范围和捕捉目标图像的概率来评价、度量系统的覆盖。

综上所述，监控的设计和摄像机的选型、布局、安装方式最终的目的是实现完整的覆盖，即在区域内能获得可用图像。如果能通过"雪亮工程"制订出覆盖的定义和评价方法，就解决了公共安全视频监控的一个重要难题。

四、"雪亮工程"要注意的问题之系统互联和资源整合

"雪亮工程"一定要实现系统的整合，首先新系统必须是一个开放的架构，能够保证后续系统的扩展和新技术、新产品的接入；同时，要与现行系统实现互联、互通和互操作。

在整合各种资源时，面对的主要问题是：不同的系统模式、不同的

信息流形式、不同的图像格式。

目前，视频监控系统主要有以下几种模式：以同轴电缆、光缆传输视频信号的集总式、模拟视频系统。早期的系统主要是这种模式，一部分平安城市建设就是这种模式。它以视频矩阵为中心控制设备（平台），图像存储主要采用数字硬盘录像机（DVR）。也有在前端以 DVR 为平台建立分布式模拟系统，再通过 DVR 将模拟图像信号转换为数字压缩信号，经 DVR 的网口，上传到上级控制中心。这样的结构称之为：数模混合方式。

近年来，出现的光缆传输的 HD‐SDI 系统也属集总方式，传输的是高清视频分量基带信号。上述系统都是 CCTV 模式。

以网络为传输平台的数字视频系统。系统采用网络摄像机（IPC），接入 TCP/IP 网络。"3111"试点工程主要是这种方式。图像压缩格式主要是 H.264。也有 MPEG2、MPEG4 等。图像存储以网络录像机（NVR）为主，IPSAN 和云存储在后期项目也开始被采用。

这些系统中传送的信息形式有模拟（视频）、数字之分，有压缩、基带之分，"雪亮工程"要将这些系统整合起来，成为一张综合的视频监控网，才能实现组网应用的基本目标。

在什么环节整合是主要的选择，要根据不同的情况决定，若从前端开始（前端转换，转换为同一方式、格式、码流上网），需要淘汰大量现有设备和资源；在终端（多网并存，在最高一级中心，进行图像的组合），则系统的资源的共享性差。不能真正实现互通、互操作。要求工程商根据具体情况选择适当的位置，实现各系统的互联、互操作；做到充分利用原有的设备和资源，充分共享新增的资源。

五、"雪亮工程"要注意的问题之图像存储和显示

无论"雪亮工程"新增的摄像机（图像采集设备），还是需要整合的现有摄像机，都需要有不同的图像格式（分辨率），以适应不同的应用目的。除标清图像与高清图像外，还多种超高清图像，包括多摄像机组合方式的超高清图像。如何显示多种格式的图像是系统集成要解决的重要问题。要么分别显示不同格式的图像，要么将不同格式的图像转换成同一格式，进行组合方式显示。

目前，图像显示系统主要有以下三种方式：

切换上（电视）墙，主要应用于以视频矩阵（包括 VGA 矩阵、SDI 矩阵）为中心控制设备的系统，通过矩阵切换，选择部分图像，显示于监视器。这是传统视频监控系统的基本显示方式。

视频矩阵通过电路交换的方式，选通一路视频信号送到视频监视器，还可送到图像存储设备。因此视频矩阵视频通道的带宽是影响显示图像分辨率的主要因素。当图像格式为高清、VGA 或 HD-SDI 时，视频矩阵要进行多路并行的切换，而且通道带宽要求也高，因此要选择专用的高清 VGA 或 HD-SDI 矩阵，而不能采用通常的视频矩阵。有文章认为：既然它们均属 CCTV 方式，就可以接入一般的视频矩阵，实现即插即用。这是不正确的。

解码上墙，主要应用于网络视频系统，电视显示设备（视频监视机、电视机）不能直接输入数字压缩编码信号，必须将其解码，还原成基带信号，送到显示设备。网络系统图像选择（切换）是利用网络的交换功能，是包切换方式。根据系统上墙的图像路数，要配置相同解码单

元的解码池。如果系统的图像具有不同的压缩编码方式，解码单元应具有自适应功能。解码池的输出方式可以是 BNC、DVI 或分量高清信号接口。

通过解码可以进行图像格式的转换（将不同格式的图像，转换为统一的格式），为系统进行任意切换或组合上墙创造条件。

组合上墙，主要应用于组合大屏的系统。组合显示是指将全部显示资源电视墙的所有显示屏（设备）拼接成一个大屏幕，作为一个图像（域），然后利用图像拼接（组合）器，将显示的图像分布到图像域的不同区域，大屏显示图像的数量可调、每路图像的大小、位置可调，并可漫游。大屏除显示图像外，还可显示计算机信号和 GIS 系统的地图。

图像信息的存储，不同码流的图像存储方式差别很大。所谓 CCTV 方式的系统，传送的是基带信号（视频、SDI），因此存储设备要求首先完成图像信息信号的压缩编码，就是 DVR 的功能；而网络视频系统，传输的是压缩的数字码流，因此，NVR、IPSAN 是合适的选择。

从存储系统的架构看，可选择分布式存储架构，上述内容就可构成分布式存储；也可构建云存储，是符合技术发展趋势的方式。

六、"雪亮工程"要注意的问题之超高清系统的显示和存储

视频监控系统的超高清（子）系统有多种方式。主要有以下几种：

大像素摄像机，采用超过 200 万像素摄像器件的摄像机，如 4k 摄像机，也有超过千万像素的摄像机，这些设备与通用摄像机一样，输出一路图像信号，只是图像分辨率要高于通用高清摄像机。许多大像素摄像机，由数据量太大，不能输出连续的图像信号（帧频只有几周）。

大像素摄像机可与通用摄像机集成在一个系统中，存储超高清图像、显示高清或标清图像，当将图像局部扩展到全屏时，超高清的价值和效果就会呈现出来。

组合图像摄像系统，也称复眼摄像机，用多个摄像机形成全景覆盖，每个摄像机的图像信号可独立的传送、存储，并通过组合显示（一屏、多屏）重现全景图像；也可组合为一路图像信号传送、存储和显示。当发现全景图像中的可疑目标或情况时，将局部图像放大至全屏或送到更大屏显示。还有一种超高清系统，用一台摄像机（采用光学系统）生成全景图像，同时用多台摄像机覆盖全景，当全景图像中发现异常时，自动关联到局部图像，进行高清显示，得到超高清的效果（类似多机联动）。

总之，系统资源整合的难点在于解决不同制式的系统、不同格式的图像、不同码流的信号的变换，使之互联、互通、互操作。

（李仲男）

第八节　十五个字全面搞懂视频监控[①]

看不到（数字化与网络化）、存不下（分布式与云化）、看不清（标清与高清）、看不懂（智能化与大数据）、不放心（视频信息安全）。只要您弄清这十五个字的真实含义，就会全面搞懂视频监控的发展历史、现状与未来。视频监控系统的早期发展是从让更多人"看得到"及接触到视频图像开始的；2000年后，视频系统开始解决"存不下"、不好用、不好管（图像）的问题，并由此获得了快速应用普及；2010年前后，视频系统开始攻克"看不清"的难题，图像清晰度的提高，同时为下一步智能化应用打好了基础；近两年，视频系统的热点与焦点是用AI、图像智能分析等手段处理大数据的图像，克服用户"看不懂"的瓶颈，可以预见这一过程将带来视频监控市场五到十年的蓬勃发展；与此同时，大数据的广泛应用也带来海量图像信息安全性的问题，解决数据、图像"不放心"将是视频行业未来长期的发展方向。

[①] 本文部分素材摘自李仲男老师相关论文。

一、看不到：数字化与网络化

模拟监控系统发展到一定水平，受制于硬件难以满足用户更高的应用需求，数字化是必由之路。数字监控系统具有同步多路传输、抗干扰性能力强，失真小，可进行非线性检索与回放等模拟系统无法比拟的优势。由此，2000年后安防视频监控系统开始大量地应用数字产品和数字技术，如网络摄像机（IPC）、网络录像机（NVR）和数字视频录像机（DVR）等。这些设备和技术从根本上改变了监控系统的形态，提升了系统的功能。

但视频监控系统数字化的真正标志是系统中的信息流（包括数据、音频、视频、控制）从模拟转变为数字，这从本质上改变了监控系统的信息采集、通信、数据处理和系统控制的方式，从而改变了视频监控系统的模式和应用，实现了视频监控系统中各种技术设备之间的集成、融合，并在统一的操作平台上实现系统管理和全部的功能控制。所以说，数字化是视频监控技术变革的核心，也是网络化和智能化的前提。

网络化极大地促进了视频监控系统由封闭（专用/闭路监控）向开放转化，系统由固定设置向自由生成的方向发展。由此，产生安全防范系统的新模式和新应用，并促进安全服务业的发展和完善。

视频监控系统网络化分为两个层面，一是采用网络技术的系统设计，一是利用公共信息网络构成系统。前者主要表现为视频监控系统的结构（系统模式）由集总式向分布式转变，分布式的设计有利于合理的资源配置和充分的资源共享，使视频监控系统架构由资源管理体系转变为资源配置和整合体系。实现系统真正意义上的集成，即技术融合、数据的融合。

此外，网络化还是实现"互联网+安防"的最佳平台，是安防服务的最佳平台。通过互联网实现视频系统与其他社会服务功能的整合，如智慧社区、智慧物流等；促进安防进入智慧城市等领域；通过互联网提供云计算、大数据和物联网的服务；促进个人消费的增长，如行车记录、云端摄像机、网络直播等。

二、看不清：标清与高清

"高清"是视频监控系统（图像技术）发展的必然趋势，视频监控始终追求得到更丰富的图像信息，特别是分辨图像细节的能力，实现真实、透彻的感知。高清系统的图像分辨能力有很大的提高，已成为视频监控系统技术水平（档次）的标志和系统建设的重要目标。

高清摄像机有三大类。一类是高分辨率摄像机，也称模拟高清，它是在扫描格式（制式）不变的前提下，通过提高水平分辨率实现高清的摄像机。另一类是大像素摄像机，是指摄像器件像素数量大的摄像机，如200万像素、500万像素，甚至更高。通常它们输出标清视频信号，与标清系统保持完全的互换性。在电子变焦（摄取局部图像）时，仍有很高的分辨率（由于像素多）；960V、4K摄像机以图像格式表示自己的高分辨率，也属于大像素摄像机；有些大像素摄像机，图像帧率较低，则属数码相机（民用级）的范畴。第三类是高清电视摄像机，是广播电视高清的概念。高清是相比标清，图像分辨率在水平、垂直两方向上加倍；图像为16∶9，因此与标清电视不同，两者不再兼容，不可互换。

在通常实时监控环境下（适当的观看距离、动态图像），高清与标清图像的观察效果差别不大。高清系统的优势是观察局部图像和提取图像细节信息时（将局部图像扩展至全屏），仍具有很高分辨率；图像个体识别时，高分辨率是重要的条件，如电子警察或卡口系统在进行号牌识别时，可得到较高识别率；但图像行为分析对图像帧率稳定性要求较高，而对图像分辨率要求不高。因此，高清系统设计要明确规定高清的型式，系统评价时，不仅要评测摄像机，还要综合分析系统的各个环节（传、存、显、变换、处理），判定系统最后实现的效果。

三、存不下：分布式与云化

传统的视频监控系统是专用、封闭的体系，既不便于系统外部资源的整合和配置，也不便于实现技术的融合和组网应用。开放既是网络化系统的基本特征，也是公共服务系统的基本要求。

开放的视频监控系统是分布式结构，可方便地从局域扩展到广域实现组网应用；适于云计算、物联网和大数据的应用，是公共安全网的理想平台和安全服务的最佳平台。

分布式结构是视频监控系统发展的必然趋势，可以做到视频资源的合理分布和配置，解决分散的资源与集中控制，分部门（职能）的管理与统一协调之间的关系，实现最充分的共享。

所谓"云化"是指越来越多的视频监控系统采用"云架构"或"云平台"。云计算是一种全新的资源配置观念和方式，通过虚拟化技术将分散、分布的资源整合为一个巨大、共享的资源库（计算能力），使得用户可以低成本地获得巨大计算能力或者资源配置（分布式存储）。

视频监控系统采用云架构是对传统监控系统革命性的颠覆。通常，传统系统是"中心—前端"结构,即使是分布式系统,也会有一个中心节点,汇集所有前端设备传送的信息(数据),对系统和前端设备进行管理和控制;云系统是"云+端"结构,强大系统资源(交换、存贮、变换及工具)是"云",前端设备是"端",如摄像机;监控中心也是"端",尽管它拥有大量的显示设备。

显然,"云"是最开放的架构,具有无限扩展、自主升级的能力,与"端"配合,可不断创造新功能和新服务。而且云系统的构建可以通过购买服务来实现。

四、看不懂:智能化与大数据

智能化的视频监控系统要求采用人性化的设计,模仿人的思维方式进行智能分析和判断。人工智能技术可以应用于视频监控的方方面面,实现系统功能的自主性,提高操作的精准性和效率,提高决策系统、专家系统的战略水平。人工智能视频监控系统应用的前提是图像信息的自动解释,因此,图像信息的自动解释是安防智能化的基本标志。通过机器学习(深度学习),视频监控系统具有与人类智能相似的反应,完成需要人类智能才能胜任的复杂动作(功能)。

智能化还表现于系统运行管理和功能设置,视频监控系统将成为具有环境(网络、气候、应用)自适应,故障(系统、设备)自诊断,图像质量、数据完整,安全性自动监测等功能,是界面友好的人性化系统。

智能化是一个与时俱进的概念,在不同的时期和不同的技术条件下有不同的含义,视频监控系统的智能化可以理解为:实现真实的探测与感知,实现图像信息和各种特征的自动识别,实现系统状态、功能参数自主、优化的调节,实现系统联动机构和相关系统之间准确、协调地互动。

所谓"大数据"一般分为三类:交易数据、交互数据和传感数据。视频监控系统所采集、存储与处理的图像信息,主要指的是传感数据。

近年来,视频图像大数据应用日益广泛。由于采集数据能力(感知手段)的增强,视频系统可以轻易地获得巨量的数据;存贮能力的增强又可以将巨量的数据保存起来。传统观念认为,其中没有价值的数据是垃圾,而在大量的垃圾中寻找有用数据又变得困难。新观念则看到巨量数据所具有的潜在价值,即所谓的"数据挖掘"。这就是大数据的由来。它既说明了数据的价值,又指出了获得价值的方法——"挖掘"。

视频图像大数据作为一种产业资源,实现盈利的关键就在于提高对数据的"挖掘能力",通过加工实现数据的"增值"。大数据与云计算就像一枚硬币的正反面。大数据无法用单台计算机进行处理,必须采用分布式架构,对海量数据进行分布式数据挖掘,必须依托云计算的分布式处理、分布式数据库和云存储、虚拟化技术。随着云时代的来临,大数据越来越受关注。大数据可视为大量非结构化数据和半结构化数据,分析这些数据会花费过多时间和金钱。把大数据与云计算联系到一起,可有效地处理大量、以往的数据。

五、不放心:视频图像信息安全

信息安全是指信息系统受到保护,不受偶然的或者恶意的原因而遭到破坏、更改、泄露,系统连续、可靠、正常地运行,信息服务不中断,最终实现业务连续性。信息安全主要包括以下六方面的内容,即需保证信息的保密性、真实性(信息来源)、完整性、可用性、不可抵赖性（证据）、可控性（控制传播的能力）。

影响视频监控系统信息安全的因素主要有四类：视频监控系统包含的产品与技术、操作（如纠正运行缺陷、备份能力等）、隐私与取证、管理。其中，后面两个要素较为关键。

什么图像信息属隐私？什么部位不能装设备？什么图像只能存、不能看？关于隐私，系统设计时，要有明确、清楚的界定。证据不同的用户可能会有不同的理解，但证据必须是原始和固定的。因此，作为证据图像的生成一定要保证它的原始性与连续性。同时，证据只能由执法业务部门使用。视频图像由谁来看、控、管，图像的存在、存贮质量、时间及使用等问题，都需要制度和系统模式来保证。

视频监控系统管理包括使用政策法规、技术标准、人员培训等方面内容。一般来说，平安城市建设、视频组网应用等大型社会化工程相关文件由国务院部委发布，例如《关于加强公共安全视频监控建设联网应用工作的若干意见》《关于加强中小学幼儿园安全风险防控体系建设的意见》等。这些文件经常会反映中央对公共安全的新思维，如编织全方位、立体化公共安全网，构建安全风险防控体系，加强社会治理创新，用大数据等高新技术破解社会治理难题等都是由这些文件首先提出或传达的。此外，还有各个应用领域视频监控系统建设规范性文件，公共交通、银行、文博、学校（幼儿园）、医院等行业部门制订的对业内视频监控系统建设的指导文件。这些文件的制订通常都会与公安部门合作进行或征求公安部门的意见。

（曹国辉）

第九节　人工智能在"雪亮工程"中的应用

"雪亮工程"的社会背景和技术环境比之以往的视频监控系统建设完全不同。因此，系统建设的目标，或者人们对系统的期望和要求也完全不同。图像信息的深化应用是必然的目标，人们希望通过"雪亮工程"，突破智能监控的天花板，让智能监控的美好设想，不再是可望而不可即，能落地开花，将视频监控系统提升到新的高度（技术水平）。

实现这样的目标，自然要涉及云计算、大数据、物联网应用等新一代信息技术的支撑，特别是人工智能的应用。

人工智能（AI-Artificial Intelligence）是计算机科学的分支，是研究、开发用于模拟、延伸和扩展人的智能的理论、方法、技术及应用的一门边缘和交叉学科。现已发展成为具有完整的学科体系、独特的研究方法和非常广泛应用领域的独立的学科。

由于深度学习优异的特征学习能力、对数据更本质的刻画、快速的知识积累拓展了人工智能的研究和应用领域，使得机器学习能够完成更多的任务、实现更多的应用，势如破竹地攻克了一些长期未能解决的难题，使得人们企盼的智能机器变为可能，人工智能不再是人们的期望，而是近在眼前，甚至即将实现。如无人驾驶汽车、预防性医疗与健康管理等。

可以说，人工智能界终于找对了方向，实现了大爆发。人类第一次如此接近了人工智能的梦想；真正、真实地看到了人工智能辉煌的未来。

人工智能是支撑自动（智能）化系统的基础技术，也是安防（视频监控）系统的基础技术，或者说，安防是人工智能研究（应用）的重要领域。"雪亮工程"应时而生，自然成为人工智能新的研究和应用领域。具体应用主要有以下几个方面：

一、实现功能的自主化

视频监控系统包含许多遥控和编程控制功能和子系统，如摄像机的目标跟踪；多个摄像机，或摄像机与系统其他设备的多机联动、功能联动等遥控和编程控制功能或子系统。这些功能是由人的操纵或预先设定的程序控制来完成。采用人工智能可实现系统的自主动作，如摄像机自动发现目标，然后自主地进行跟踪；根据目标的行为，自主地与相关摄像机和其他设备进行联动。

机器人、无人机等是人工智能的重要研究领域，涉及人工视觉、人工触觉等技术。目前广泛应用于安防领域的这些设备基本上还是遥控装置。采用人工智能技术可以逐渐实现动作的自主性，如通过人工视觉，感知目标的特征、形态、距离和速度等，自主地跟踪目标、避障、制动和发动攻击等；通过人工触觉，感知物体的重量、虚实、光滑度等，自主地抓物或采用相应的失能处置。

通常，自动化系统分为三个层次：遥控、编程控制和自主动作。显然，后者技术难度最高，是自动化的最高境界——智能化。但并不是所有系统和设备都需要智能化，各层次的产品适应不同的应用，并非都要实现自主动作。

二、提高动作的精准性和效率

视频监控系统中许多功能和子系统已采用了机器学习技术，根据统计学理论，进行价值判断，提高性能与能力。若采用深度学习，就可以进一步提高它们的学习能力。如图像系统的生物特征识别（人脸、指纹等）、图像内容分析及搜图等系统，通过深度学习可提高识别、判断、搜索的精准性和效率；同时可以增强系统的抗干扰能力、环境适应性，提高其实用性，扩展其应用的范围。

摄像机图像调节（光、焦、抖动）、宽动态、数字降噪及透雾等功能都是通过软件来实现的。通过机器学习的训练，可以不断地优化算法，获得更佳的图像效果。在此基础上，产生了软件定义摄像机的概念。

改进图像内容分析及搜图等系统的学习方法，提高目标分类、行为判断、搜索的精准性和效率。特别是通过深度学习的训练，提高图像分类特征表示的精细（粒）度，提高图像标识的精准性。为系统学习提供高质量的深层次的数据，逐步实现图像信息的（半）结构化处理。在通常的监控环境下，实现图像中事件的标识，人脸识别的应用，以及步态识别、声纹识别等关键技术的突破和初步应用。

在进行图像内容标识时，数据融合对提高标识的精准性和深度有很大的帮助。数据融合也有助于感知前端的完善和云边结构的构成。

三、提高系统的决策水平

安防和视频监控系统中存在着各种各样的决策系统,大方面如风险评估、预警系统和预案(专家)系统;小方面如图像调节的算法、目标跟踪的方案。采用深度学习技术,提高预警、风险评估、预案等专家系统的决策水平,图像搜索的策略等,这些决策水平的高低,决定系统的应用水平和功能满足业务需求的能力。

通过人工智能的应用,深化图像信息的应用;破解公共安全难题;构建风险评估体系、安全预警体系,促进和加快现代安全体系的建立,是中央对公共安全的要求,也是雪亮工程建设的重要目标。

上述应用本质是大数据处理,我们通过从新的更多的角度(维度)和深度,观察世界(事务),来提高洞察、决策、程序优化的能力;通过数据融合,挖掘图像的深层次的信息,真正发现大数据的价值。

四、人工智能的应用场景

场景,是指技术应用的(外界)环境。是充分发挥技术本质能力的外部条件,或技术可以适应的外部条件。通常智能系统要求建立稍加限制的应用环境(场景),以保证技术本质能力的发挥。因此,场景(环境因素)也成了限制技术应用和影响应用效果的重要因素。显然,外部条件的限制越少(低),技术的环境适用性越好。

人工智能的出现,特别是深度学习的应用,正逐渐突破环境因素的限度。使智能系统的应用环境(场景)日益自然、自由。如在通常的监控系统环境保护下,实现许多智能化技术的应用。我们也把解决视频监控系统现存问题和不足，寄希望于人工智能。

从应用场景的角度，分析人工智能智能在"雪亮工程"中的应用，还可以更直观和清晰地表现出人工智能技术的切入点、可以解决的具体问题和可能实现的效果。

"雪亮工程"中人工智能的应用场景主要有：

1. 图像标识

标识图像是图像信息结构化的一个途径。人工智能将是实现图像标识的主要的技术方法。这里暂且称之为半结构化。图像标识包括：

标识图像中的目标，需要截取一（几）帧图像。目前，大多系统都可完成这个功能。如标识视频图像中的人或车。人工智能化应用于该场景，有助于目标的标识更精准、更精细。

标识图像中的事件，需要分析一段视频图像（一个图像序列），属视频语义解释。目前，很多应用离业务需求尚有差距。深度学习将为解决这一问题提供一个新思路和方法。

2. 人脸识别

深度学习很可能实现人脸识别的突破，而且解决问题的速度之快会令人惊讶。

模式识别是传统人脸识别的基本方法。要求系统定义人脸、建立特征库和稍加限制的环境。但在技术上实现后，一直没有实质性进步，距实用化尚有很大距离，特别是在通常的视频监控环境下。

深度学习，通过模仿人的思维过程，产生大量的深层的数据分布式特征的表示，大数据的训练使图像的分类表示越来越精细，知识积累愈加丰富，很快就产生许多实用性的成果。基于深度学习，将会促使生物特征识别方法和模式的创新。使人脸识别在通常的监控环境下，得以实现。

同样，深度学习也将支持步态识别、声纹识别等新技术得到初步的应用。

3. 构建城市空间状态图像

把系统前端设备（摄像机等）感知的信息，通过深度学习，生成反映城市状态的原始、实时数据的可视化表示，是观察城市实时状态、动态变化的最佳、最直观方式。

视频信息对构建城市空间状态图像具有最大的价值，前提是实现视频语义的理解。

视频信息可直接生成空间状态图像，如人流密度、分布、车辆密度等。

通过深度学习，从视频信息中产生城市状态深层数据的可视化表示，如道路拥堵指数、人流踩踏风险指数等。

非视频信息经大数据处理，也可生成空间状态图像，如高危人、物、活动的分布、城市人口状态等。

而且，多种数据的融合是构建空间状态图像的最有效方法，可以提高状态图像的准确性和实时性。

4. 风险管控

风险管控是现代安全的基本功能（要素）。

传统安全，风险分析的目的是发现系统的脆弱性。通过系统加固（建设），降低风险到可接受的程度。风险分析是系统设计的依据（方法）。

现代安全，风险管控的目的是发现安全环境可能出现的风险。采用适当的措施，防止危险事件的发生。风险分析是系统功能（要素）。

风险分析，通过对影响安全的诸多因素（政治、经济、社会）的大数据处理，洞察和判断宏观的安全状态及可能出现的风险，通过对敏感人、物、时、地、突发、形势等的大数据处理，判断各类事件发生的可能性（风险高低）。

空间状态图像反映安全环境的实时状态，状态的变化是趋势，良性的保持；不良的就是风险，采取适当方式改善。就是风险管控和预警。

风险管控系统具有自主成长性，在大数据的支持下，通过迭代式的训练，可不断地提高系统的洞察、判断的能力和风险分析的准确性。

5. 空间状态预测调节

交通管理系统是典型案例，传统系统以交通信号的实时控制为核心，希望能实现点、线、面的控制及最佳绿信比。但实践证明，传统控制方法（信号的实时控制）实现不了这些目标；现代（城市）交通管理系统必须采用现代控制理论，通过多变量的空间状态分析，进行区域性（整体空间）的预测调节，实现道路资源与车流状态的匹配。

风险管控更是典型的现代复杂系统。所谓发现可能出现的风险，采用适当的措施，防止危险事件的发生，实质上，是空间状态的预测和多方位、立体化的安全体系的调节。

概括地讲，"雪亮工程"是人工智能最适配的应用场景。除上述几个方面外，还有许多可为人工智能大展身手的场景。总之，"雪亮工程"为智能监控提供了新的舞台，通过人工智能的应用，极大地提升视频监控系统的智能化水平，解决传统系统的缺欠和不足。真正使视频监控的眼睛更加雪亮。同时，也成为行（企）业转型、升级的切入点。将安防行业的改革引入新的阶段。

（李仲男）

第二章　上市和投资那些事儿

第一节　邪派高手的武功秘籍——
上市公司财务陷阱揭秘

企业上市很像钱钟书先生比喻的围城，"城外的人想进去，城里的人想出来"。自国内经济出现结构性调整，进入新常态后，原有人口、出口、房产等红利日渐减少，反之企业经营所涉及的融资、税务、土地、人力成本居高不下，中小企业主举步维艰，多想插上资本的翅膀（IPO），摆脱融资、人资成本高企的困境。另外，上市企业老板也自有其难处，本来还有所盈余的滋润小日子一去不返，在逐利的资本市场重压之下，年复一年地重复着奇迹般的高增长，谁受得了？

有时是为了更漂亮的数字、更美好的战略前景，有时是因为承受不来由盈转亏的压力与负担，还有时可能是泡沫已成定局只能继续鼓吹，也或许是没被抓住的侥幸心理。总之，上市企业管理人员在财务上动邪念的例子屡见不鲜，管理者的想法通过财务人员的生花妙笔在报表中得以完美呈现。

下面，我就揭露一下这些邪派高手的武功秘籍（财务陷阱）并列出破解之道，帮助读者修炼成火眼金睛识破它。

一、邪派武功秘籍第一式：应收账款做得高

一般来说，不良的上市企业会先做高收入，再依据收入上调利润。上市企业往往会在境外开一家纸上公司来做假交易（塞货），这时损益表体现出销售收入上升，净利润也随之上升，但利润难以通过现金形式入账，因为这是没有现金的假交易，所以只能以应收账款计入，具体表现为应收账款的占比及天数。要识破这个骗局，可以从三个关键点入手，先看应收账款占总资产比率有没有突然偏高或是越来越大，再看现金占总资产比率是否越来越少（因为假交易收不到现金），最后看看应收账款天数是否明显越来越多。此三点占其一，我们就要高度警惕了。详见图 2-1。

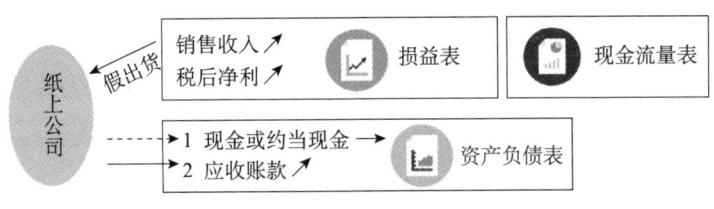

图 2-1　假交易的损益表示意图（应收账款）

二、邪派武功秘籍第二式：增加当期利润的法宝

为了发现不良上市企业报表当期利润中潜在的陷阱，我们要关注以下四点：

一是，是否调整记账规则。使用延期折旧费用或分期摊销费用的处理方式。

二是，使用特殊扣除的办法。这不会在每股利润中得到反映，以当

下流行的 PPP 模式、BT 模式等做大型项目时，可能采取这种办法。

三是，是否利用大量可转债券或权证来发挥稀释的作用。

四是，由于以往的亏损导致的正常所得税扣除下降。据说近期被证监会查处的某家上市公司的漂亮财报中可能用了此方法。

识别此四类陷阱的办法，就是在研究上市企业财务情况时，既要重视当期利润，也要善于发现每股利润中存在的陷阱，同时还要关心企业的长期利润情况。

这最后一点至关重要，当我们看到企业五年以上的平均利润时，它比单独研究一年的利润更能反映企业的盈利能力。这种平均法的一个重要优势，就在于它几乎可以解决所有特殊费用和利益的问题，从而让我们绕开绚丽夺目的陷阱。详见图 2-2。

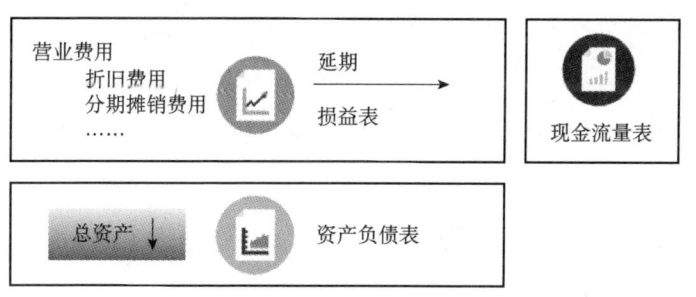

图 2-2　调整记账方法增加利润

三、邪派武功秘籍第三式：出手攻击资产负债表

资产负债表有与生俱来的弱点，它是存量的概念，反映的是当天的财务情况。这点常被不良上市企业加以利用。例如一家公司将闲置资产卖给朋友，由于，总资产周转率 = 销售收入/总资产，如果销售收入不

变、总资产减少,则周转率瞬间提升,公司业绩目标就这样完成了。到了第二年,朋友公司将该闲置资产转回上市企业,体现在下一年度的资产负债表中。部分上市企业高管常用此方法完成业绩,套现离开。

四、邪派武功秘籍第四式:依据虚增业绩发行股票

这是近几年最常见的邪派秘法之一(常用于借壳上市企业的IPO超发或增资扩股),空手套白狼,一招制敌,虽然招式拙劣,但许多金融机构和股民大多没有反抗的机会。有时,上市企业会与地方政府配合签订大型项目战略合作框架协议,以此为基础,对未来业务收入做出预测,并根据预测进行资产重估,以新增的估值为依据用更高的价格发行更多的股份。

但万变不离其宗,该招式失败原因有二:一是框架协议不是合同(或战略合作协议等无论名字多么花哨),缺乏强制的执行力。举例说明,上市企业与某地级市签署整体智慧城市建设运营项目合作协议,但在具体执行过程中,各个不同的县或不同垂直行业的智慧项目(如智慧旅游、智慧医疗、雪亮工程等),一定会分别招标实施,成功中标才开始签署真正的建设运营合同;二是预测收入不是确认收入,两者可以一致也可以有天壤之别。大型项目周期较长,确认收入比较复杂,一般通过进度完工确认表实施。

识破此类陷阱不难,要关注以下三点:第一,运用此办法的上市公司,大多会以大型项目为载体,以项目模式为手段,如某市智慧城市整体项目,因为此类项目金额较大、周期较长、模式特殊(BT、BOT及其变种或PPP)、复杂度大,所以更易于施展手脚;第二,上市公司收

入虽然不错，但经营性现金往往会有较大亏损，应收账款则更是居高不下；第三，把目光放在一个较长周期，观察某一项目的真实收入确认情况，往往会看出纰漏。

五、邪派武功反噬的信号

常看武侠小说的朋友都知道，邪派武功易于速成（如九阴白骨爪、吸星大法等），但缺少内功支撑（内功需要打扎实基础，用时间磨炼），所以弊端也很明显——反噬主人。

有时上市企业报表中表现出不同寻常、耐人寻味的数字，这时我们就要提高警惕了。通常这些信号包括以下几点：

一是，大幅变化的指标。例如资产高度抵押，这可能意味着上市企业现金流出了问题。

二是，超高的增长率。这要研究是否背离了行业普遍的增长规律，其背后往往是资本市场或融资方给予了太大压力而做出来的虚假数字，或是频繁并购带来的虚高增长。

三是，急于确认收入。时下一些大型建设项目多采用PPP、BOT等模式，这些项目周期很长（往往十年以上）、风险较大。此时，上市企业急于确认收入，甚至放弃有利可图的长期运营，就要仔细判断其背后的缘由了。

四是，过于频繁的并购，不断发生的"一次性成本"。频繁并购在短期内可以体现出利润增长，但实际上往往没有形成实质性增长，只是表内数字的变化，长期无明确战略意图的频繁并购会在企业内部形成泡沫效应。

通过上面的分析，我们可以看出，上市企业的财务陷阱在实施过程中是有迹可寻的。经常使用这些技巧的上市企业，最终会既伤害了投资者，也伤害了自己。

有时我很想振臂高呼一声，财务人员们赶快停止实施这些愚蠢的技巧吧。但正像一句美国谚语所说：谁给我面包，我就为谁歌唱。究其根本，财务报表毕竟只是工具，财务人员也只是歌手，使用它的企业管理者才是主人。

所以，在呼吁不良管理者停止伤害的同时，我们更需要武装好自己的头脑，装上"一双慧眼"，才能"把这纷扰看得清清楚楚明明白白真真切切"。

（曹国辉）

第二节 揭秘上市公司的并购游戏：
1+1到底等于几

G. C. 李庭博曾说："稍加扭曲，真理就成了最危险的谎言。"

一、并购为什么能制造盈利？

因为并购公司本身就能制造盈利增长，所以这种方法成了当下最流行的上市公司"盈利手段"之一。举例说明，有两家企业，A是家实体防护制造商，B是号称以生物识别为手段的出入口控制设备制造商。其实，业内明眼人一下就看穿了，就是噱头不同嘛，可能生产的东西是一回事（如指纹锁），记住关键就在这里。假设两家公司在外股票都是20万股，每年盈利100万元，也就是每股盈利5元（100÷20=5），再假定两家公司业务都不再增长，且无论有无合并两家公司的盈利都将保持现有水平。事实上，两家公司的股价（或交易价值）却绝不相同，生物识别企业属于电子安防类中的高大上，市盈率一般20倍，因此乘以每股盈利其股价是100元，而传统的实体防护企业市盈率仅10倍（一般还没上市），公司股价50元。现在上市的生物识别企业想要扩张，打着"集团化""一体化"的牌，提出以2:3换股合并实体防护企业。显而易见，实体防护企业乐于接受（以 3 股 150 元换 2 股 200 元很划算），新成立的集团公司更名为××生物智能高科技集团。其并购后的情况是：发行在外股票共 33.3 万股，总盈利 200 万元，即每股盈利 6 元（200÷33.3＝6）。这样，在合并完成时，我们发现每股盈利已经从 5 元涨到了 6 元，增长 20%。这一增长表明，原来的生物识别公司的 20 倍市盈率似乎非常合理，于是乎新的集团股价便从 100 元涨到了 120 元，并购涉及的每一方都很高兴，因此在下一年新一次的并购开始了，这次是一家安防工程公司……（详见表 2-1、表 2-2）。

表 2-1　　　　　　　　并购制造盈利示例

	公司	盈利水平	已发行股票	每股盈利	市盈率	股价
第一年	生物识别公司	100 万元	200 000 股	5 元	20 倍	100 元
	实体防护公司	100 万元	200 000 股	5 元	10 倍	50 元
第二年	首次合并的集团公司	200 万元	333 333 股	6 元	20 倍	120 元
	工程公司	100 万元	100 000 股	10 元	10 倍	100 元
第三年	二次合并的集团公司	300 万元	433 333 股	6.92 元	20 倍	138.4 元

表 2-2　　　　　　　　集团化公司前三年盈利对比

企业每股盈利	第一年	第二年	第三年
集团化公司	5	6	6.9

从上面的假定案例可以看出，并购确实制造了盈利增长。很多人由此认为该集团公司是一家很好的增长型企业，它突出的业绩表现令人激动，也为它赢得了超高的市盈率。

二、揭秘并购背后的逻辑

这种 1+1>2 的把戏之所以奏效，其诀窍在于这家生物识别上市公司的精心策划（行话叫"讲故事"），这种策划带来市盈率倍数的增长

（中国股民多为散户，缺乏专业判断力），这样它就可以去换取另一家市盈率较低的公司或急于套现的非上市公司的股票。最终结果是，只要收购公司数目保持指数增长，母公司就会大赚特赚，对介于其中的投资者而言，短期确实能获得巨大的收益。但一定记住是"短期"。

三、并购的效果究竟如何

然而，从长期来看，笔者认为，时下大多数上市企业并购行为不仅难以实现 1+1>2，甚至连 1+1=2 也很难做到。其原因有三：

第一，由表 2-1 可见三家公司的盈利都没有真正的增长，仅仅是因为合并交易就获得了盈利增长。

第二，盲目的多元化，缺乏有效的业务整合策略，企业文化的差异，不同管理层之间的冲突，整体战略的缺失，这些大都会带来个体公司的利润下滑。

第三，资本市场的超高业绩压力，将通过并购对赌条款而施加在被并购企业主的身上，为完成业绩目标，实现对赌协议，拿到卖公司的钱，其往往会铤而走险，去伤及自身企业长期竞争力，诸如减少研发创新投入或营销费用、增加不良应收账款等，而这种行为在资本的重压下通常会受到并购双方高层的默许。

曾经的全球第一大安防企业泰科公司在1997—2001年间花了370亿美元并购了200多家企业，其五年内销售收入从76亿美元激增到340亿美元，利润从4.8亿美元狂涨到62亿美元，在2001年年底，该公司市值1140亿美元，但在2002年，泰科突然宣布亏损94亿美元，其股价曾在2001年年底达58.9美元，而2002年年底却只剩下17.1美元，巨额亏损71%。

四、频繁并购是邪派武功，见效快但副作用比较大

通过认真研究泰科公司报表，可以发现这种并购模式的小秘密，即泰科每年花费7.5亿美元进行并购，该费用主要由三部分组成，一是并购、重组及其他一次性成本（请注意"一次性"是关键）；二是长期资产损耗费用巨大；三是购买正在研发还没应用技术的费用。

其实，国内大部分安防上市公司并购行为的费用也是居高不下，而且也是由这几部分组成。那么问题来了，针对上面的三类费用，如果泰科公司不从事生产或生产活动不盈利（就像一部分国内安防上市企业），而只是依靠并购盈利，那为什么巨大的"一次性成本"是一次性的呢？它难道不正是泰科（上市企业）正常业务成本的一部分吗？它不该是这种商业模式正常的经常性的支出吗？如果持续的并购是个长期、可持续的好模式，那为什么每年要花费如此巨额费用才能完成这种业务闭环呢？为什么对看好的业务，甚至核心业务，自己不做而要花几倍、十几倍的价格来购买呢？是对自己企业或员工缺乏信心吗？

五、怎样进行正确的并购

事实上，企业在青年期进行的外延式发展往往需要通过并购手段来实现，但成功的并购一定要有战略牵引，带有明确的战略目标的并购。这种目标一般是为了完善产品线、扩大服务规模、补充业务短板等，从而实现提升企业经营效率、优化资产配置等目的。

企业并购要先有战略，后落地实施；要先考虑到并购是为了解决什

么需求，如何整合、消化被并购企业，并购企业与母公司是有主营业务的冲突，还是更好的服务、产品线补充。对安防企业而言，并购更多要考虑到原有企业的血脉传承，不要做跨越过大的并购，如 DVR 制造商可以为完善视频产品线并购前后端的图像采集、显示企业，但如果去做集成商、施工商的并购，那整合的难度就非比寻常了。

六、如何正确看待并购

企业在使用并购手段扩张时，往往与粗放型成长有关，通过并购为其带来规模扩大，股价飙升的同时，也将带来成本的快速增长、内耗严重、产品与服务质量下降等弊端。因此，我们可以说，企业并购作为上市公司利用资本优势快速扩张的手段，能够在短期帮助上市公司获得快速成长，但频繁的并购一定会伤及上市公司的核心能力，上市企业度过粗放发展的青年期后，应更多地回归理性、多练内功，选择侧重内涵式提升的发展之路（如专业化、精细化）。

最后，想起了以前看过的一句《古剑铭》作为这篇文章的结尾应该不错。"轻用其芒，动即有伤，是为凶器；深藏若拙，临机取决，是为利器。"我想，上市公司对于如何使用并购手段，大体也应该是这个态度吧！

（曹国辉）

第三节　股市神话的破灭——新概念、新模式、新套路、老问题

每隔一段时间，股市都会产生自己的新概念，就像每个时代都有自己的神话。但究其根本，最终检验上市公司的还是持续的盈利能力。

亨利·戴维·梭罗在《瓦尔登湖》曾说：如果你造了空中楼阁，你的辛苦并不是白费的，楼阁应该造在空中，现在要做的是在其下方建造地基。

对上市公司的研究，有时就像一个手持火把进入黑暗森林的孩子，怀揣着寻求宝藏的梦想，穿行于亦幻亦真的层层迷雾中，兽吼鸦啼、树枝折断的噼啪声冲击着弱小的心灵。孩子想：幸亏有神秘的"藏宝图"指引，依靠它我一定可以满载而归。

今天我们聊一聊广大股民的"藏宝图"——股市神话信仰。在我看来，由古至今，塑造一个成功的神话，需要如下四个步骤。

第一步可以称之为"探索与追求"。千奇百怪的自然界，错综复杂的人类社会，生老病死的身体，人们不知道的东西实在太多了。因此，我们去摸索、去探求、去试图解释。正是对未知事物的探索与对理想状态的追求，使少数人（注意是少数受益者）创造出了神秘的超自然力量

或实体,这就完成了第二步"幻化与造神",当然这些臆想出来的神秘力量是有好有坏的。第三步,也是最重要的一步,可以称之为"遵从与行动",因为对创造出来神的崇拜、敬畏、信任和遵从,使人们产生了行动的动力,去发明仪式、编织概念、形成组织。最后,我们实现了信仰,找到了心灵寄托的归宿。直至,随着时间更迭,神话破灭,我们发现了更好的解释,或创造出更可信的神话(神话2.0版)。

事实上,我认为股市里流传的相当一部分新概念、新模式也是这样打造出来的。股市既是宏观经济的风向标,还由众多上市企业个体组成,其间又掺杂了人性的博弈,因此,股市的复杂性是毋庸置疑的。正是这种波动、变化带来的不可预测性与想要多赚钱、赚快钱的理想追求相结合,使少数人(受益者)有了创造股市神话的原动力(第一步)。

接下来,当然就进入了"幻化与造神"阶段。一般而言,操盘者会编出娓娓动听的故事。对!就是"故事"。这个词汇由专业人士创造,已经被广大"吃瓜群众"普遍接受了。为了创造故事,上市公司、基金经理们煞费苦心,从营销到技术再到战略,这些故事讲得越来越美好——"AI、CV、人工神经网络""大数据、万物互联、智慧的一切"新概念与新技术层出不穷;"PPP模式""共享经济""生态圈""资本化、证券化"新模式让人眼花缭乱……

当光靠讲故事还不足以达到目的时,"专家们"的创造力升级了。他们认为,在"新经济、新技术、万物互联共享的新时代",股票应该是完全不同的新生事物了。——当然不该恪守市盈率之类的老套估值标准,他们会说那些标准只适用于传统企业,在他们眼中,营业收入、利润等统统成了跟企业不相干的东西,为了给"新时代企业"进行估值,

"专家们"发明了诸如"眼球经济、互联网赋能、生态带动、大数据价值"等系列新的估值标准,这样就完成了股市神话塑造的第二阶段。

然后,可以进入"行动"阶段了。由"新概念、新模式"打造的股市神话早已晃花了我们的眼,崇拜、敬畏之心油然而生,作为信息不对称、知识不全面的广大个体股民剩下的就只有"遵从"了,"专家"说新概念是未来,我们当然"买买买"了。由此,故事的效果初见端倪,庄家迅速出手调仓换股。有时,即便是这些故事不太可信,甚至稍显荒唐,只要股民们普遍认为其他人全相信这个故事就成,仅此而已,无须其他条件。正如一位基金经理所言:"既然我们先听到(或是创造)了这个故事,我们就有理由认为接下来一段时间,会有更多人听到这个故事。结果,股价就会上涨,即使这个故事是子虚乌有,又有何妨?"

到了最后阶段,我们听从了股市神话的召唤,形成了我们的投资信仰,我们也"买买买"了,似乎买的那几天真的是好股票,但为什么总是还没来得及卖,就被套牢了呢?

是的,股市神话也是神话,神话不能当钱花,而且与真正的神话相比,它更像是昙花一现的神话,它的生命周期不足以支撑股民盈利的梦想。更重要的是,这些神话是别人说给我们听的。而上市公司本身经营获利是需要时间的。说到底,我们有没有想过这些新概念、新技术能为上市公司带来多大收益?是否需要持续投入?风险几何?周期多久?还有一个关键的问题"故事是谁讲的?"——所以,没错,我们被人利用了。

投资的关键不在于某个概念或技术的社会影响力,而只与企业的持续盈利有关。本杰明·格雷厄姆在《证券分析》中写道：归根到底，股票市场不是投票机，而是称重机。估值标准并未改变，最终任何股票的价值只能等于该股票能给投资者带来的现金流的现值——真实的价值终会胜出。

有时，甚至蓝筹股、成长股的购买也要理性。因为这类股票的价格也有被"神话"的时候。如果价格过于虚高，即便规模可观、成长优秀的上市企业，也很难保持足够的增长来支撑百倍的市盈率（何况下一步拓展的市场在哪里？）。

正如每个时代都有自己的神话，历史上的各个时期也都不缺乏新思潮、新概念，而过度繁荣的市场（泡沫）终究会归于理性（互联网泡沫也曾破灭）。新概念、新模式有时被少数受益者拿来操纵我们，究其原因还是在于多数股民既容易受鼓动（缺乏相应知识），又过分贪婪（没有设定好止损止盈线），这样终究会成为快速致富骗局的受害者。

（曹国辉）

第四节 没有航标的世界——论投机、投资与风险[①]

培根曾说:"获取确定收益的人,很难变得非常富有;完全投资于风险业务的人,经常会因为失败而陷入贫穷。因此,较好的办法是,在从事风险业务时,要注意防范必然会导致的损失。"

早就想写一篇关于"投资"与"投机"的文章了。迟迟没有动手是因为对这两个概念始终不太清晰。查了一些资料,也大都语焉不详。一般来说,传统意义上的解释如下:"投机"指的是利用市场价差进行买卖而从中获利的行为;"投资"指的是投入资金或实物来获得预期收益;而两者之间的区别体现为"投资"比"投机"周期更长,收益更稳定与持续。

用这种传统定义来解释"投资"与"投机",很难令我信服,我认为,这是站在不同角度阐述同一种行为(属于盲人摸象),而不是在解释不同概念,通过传统定义看不出两者有何本质不同。

而在日常生活中,大家又往往把投资看得高高在上,把投机看成格格不入,甚至有点可耻的钻营行为。对于这样具有天壤之别的两个概

[①] 本文参考书目为《聪明的投资者》《漫步华尔街》《黑天鹅》。

念，却没有明确的界线，令我感到十分困惑。

后来，看到一本介绍伯纳德·巴鲁克的书才略有释怀，原来不只我们迷糊，即使发达如美国，也有这样的问题。作为四届美国总统经济顾问的巴鲁克曾自嘲说："我年轻时，人们称我为投机者，后来是投资家，再后又敬我为银行家，现在称我是慈善家，其实自始至终，我做的都是相同的事。"

巴鲁克的话启发了我，让我明白了投资与投机并非尖锐对立（定义的差别更多源于意识形态之好恶），但也绝非同一概念。既然传统的解释不让人满意，不如自己重做一番定义。

中国人定义概念往往喜欢望文生义。我认为"投机"指的是对机遇的投入而获利，其关注重点在环境变化带来的外部机遇；而"投资"指的是通过对资产的投入以获利，其关注重点在投入主体（企业或房产等）自身的预期增长收益。投机与投资，一个重视外部条件带来的变化，一个关注内部自身发展的潜力。除此之外，两者在投入时间周期、风险大小、收益稳定性等方面并不存在可比性差异。

以投入股票市场举例说明，投机者关注的重心是外部环境（如政策法规/重大事件等）造成的股市波动所带来的收益；投资者关注重心的则是所选择某一股票（上市企业）的现有价值、价格及增长潜力等。因此，投资者与投机者面对不同的风险，投资者面对的风险大都来自上市企业的经营、管理、财务数字等，投机者面临的多是股市波动的宏观风险。对于国内大多数散户股民来讲，基本不具备了解两类风险的专业知识与工作背景，所以风险都不小。

没错，风险才是关键。我认为，一个智慧的投资者＝投机者（外部环境利好时投入）+ 投资者（投入主体快速增长时投入）- 不必要的风险。投资成功的关键在于管理风险，而非回避风险。接下来，我们就聊一聊"风险控制"。

首先，智慧的投资者应该避免重大损失，尤其是本金的持续性亏损，不要使自己全部或大部分资金出现亏损。举例说明，假设你认为某股票每年可上涨10%，而市场每年只能上涨5%，但如果你支付的价格过高，所购买的股票头一年就亏损了50%，那么即使该股票后来的收益是市场的两倍，你也要花16年的时间才能赶上市场，原因就在于一开始你支付的价格过高，因而造成的亏损太大了。股票投资如此，其他诸如房产等实体投入也是如此。

其次，智慧的投资者应该合理的设置自己的投资组合，尽量不要把所有的鸡蛋放在一个篮子里。较好的投资组合一定是依据投资者自身的抗风险能力（年龄/收入/支出等）来安排不同的投资产品组成的。如果投资者不好做出选择，比较适合的办法是以指数基金类产品为主体，再配以适当的房产、股票与现金。投资组合的好处在于它使盈利在不同比例的组合产品间流动，这样可以带来相对稳定的收入。

再次，智慧的投资者会设置好适合自己的止盈止损线，以此来规避风险，抑制自身的贪婪。设定限制，适度盈亏，是比较稳健的投资理念。有限制的心理预期，在必要时，可以很好地压制快速求胜求财的欲望。例如：有经验的老股民一般不会在股价出现大幅上涨后立刻购买，也不会在股价出现大幅下跌后立即出手，这是多年经验教训累积而成的心理定式，也是止盈止亏理念深入其内心的表现。

最后，智慧的投资者大都会对负面的黑天鹅事件保持警惕（黑天鹅事件指的是发生不可预测的稀有事件,并改变了宏观环境,如"9·11"、金融危机等)。一般来说,广为人知、耸人听闻的风险并不可怕,而隐藏着的风险才更为险恶。所以,巴菲特说:"别人贪婪时我恐惧,别人恐惧时我贪婪",指的就是要在正面的黑天鹅事件中发现机遇,而时刻警惕负面的黑天鹅事件造成的影响。

具体的风险千千万万,不再赘述。但我们也要看到,没有风险也就不会产生收益,风险与收益是一对共同成长的孪生兄弟(呈正相关关系)。对于投资而言,最大的风险是认清你自己。所以,真正的风险不在于我们投资了什么,而在于我们是怎样的投资者!

(曹国辉)

第五节 浅谈安防领域的概念营销

概念营销已经越来越普遍了，这种体现知识社会特征的现代营销理念，由于知识转化为产品的周期越来越短，概念营销开始大肆泛滥。而注意力经济、个性化需求、产品同质化及竞争升级引发的营销理念创新，又在不断推进着概念营销向前发展。

一、从智慧城市谈起

所谓智慧城市建设指的是提高社会公共管理水平的需求。在信息社会的环境下，社会管理信息化、智能化是必由之路。社会结构扁平化的要求，社会从树状结构向网状结构转变是民主化进程的必然，信息化促进民主化水平的提高。城市化进程的需求，城市化的新定位，现代城市功能、管理的新概念呼唤着智慧城市。新一代信息技术将改变城市的形态。于是，在新一代信息技术的推动下，智慧城市应运而生，并表现出鲜明的中国特色。但是，智慧城市的定义和基本概念是IBM提出的。

2010年，IBM正式提出了"智慧的城市"愿景，指出城市由关系到城市主要功能的不同类型的网络、基础设施和环境等六个核心系统组成。这些系统不是零散的，而是依托物联网、云计算、移动互联网等新技术，实现相互衔接的一种协作状态。而城市就是由这些系统组成的宏观系统。可以说，这是智慧城市的基本定义，暂且称为"智慧城市 V1.0"。

其后，IBM 发布在《智慧城市红皮书》中指出智慧城市是以新一代信息技术为支撑、知识社会"创新 2.0"环境下的城市形态。其基本特征是全面物联、充分整合、激励创新、协同运作，核心是"可持续创新"。红皮书实质是论述"创新 2.0"，被称为"智慧城市 V2.0"。

2014 年，IBM 在中国智慧城市发展与合作论坛上发布了《引领更具竞争力的智慧城市 3.0 时代——创新、和谐、中国梦》白皮书，提出了以大数据分析、云计算、移动互联和社交软件为代表的先进技术在智慧城市的应用趋势与智慧城市七大解决方案。其中指出，智慧城市将从新产业、新环境、新模式、新生活、新服务五大方面支持"新型城镇化"发展，这就是"智慧城市 V3.0"。

三个版本的"智慧城市"相互衔接，从不同层面、揭示了智慧城市深刻的内涵。智慧城市 V1.0 中展现了社会需求的方向和领域，智慧城市 V2.0 中展示了智慧城市实现的关键技术和途径，智慧城市 V3.0 中展望了智慧城市对新型城镇化的促进作用和成效。建立起全面、新颖的智慧城市形象。这些理性的概念会强烈地冲击人们的精神，激发起需求的欲望。虽然这些概念完全没有涉及具体产品和技术，包括 IBM 的产品和技术，但人们却将"中国化概念——智慧城市"贴上了 IBM 的标签。这是 IBM 针对中国市场开展概念营销的经典案例。

二、详解概念营销

概念营销是指在市场调研和预测的基础上将产品或服务的特点加以

提炼，创造出体现其核心价值的概念，通过这些概念、向目标用户传播产品或服务所包含的功能取向、价值理念、文化内涵、时尚观念、科技知识等，以引起用户的心理共鸣，激发其购买欲望的营销方式。

通常情况下，产品在开发的同时就会向用户提供近期的消费趋势及其相应的产品信息，引起他们的关注与认同，并唤起对新产品的期待。可以说，产品营销和品牌营销是"先有产品，后有营销"，而概念营销则是"先有营销，后有产品"。

概念营销具有创造需求、主动定位、差异营销和个性营销的特征。它着眼于消费者的理性认知与积极情感的结合，通过导入消费新观念来进行产品促销，使消费者产生新产品及企业的深刻印象，建立起鲜明的功用概念、特色概念、品牌概念、形象概念和服务概念等。产品是对人的感性冲击、实现感官的体验。概念则是对人的理性冲击，使你心动，并留下深刻的印象。

概念营销的基本特点主要有：

1. 创造需求，引导消费

通过推出特定概念，宣传新的消费观念、需求趋势，来传递产品的核心价值，使消费者未见产品，已闻其声，形成了产品概念及品牌概念。为产品上市准备了顾客基础。从而把消费者的潜在需求激发出来，达到创造需求的境界。

缩短市场进入时间，概念营销为消费者提供新的选择及其时间上的决策余地。概念营销引导消费者接受新的消费观念，动摇原有的消费习惯，产生对新产品的心理期待。新产品一上市，潜在需求很快会转化为现实购买活动。加快产品入市速率，同时也加大投资回报率。

2. 细分市场、主动定位

在市场细分、锁定目标顾客之后，采取主动定位的姿态，定位也可先于细分市场。因为，概念在没有推出前，目标顾客还不是非常清晰。企业提炼出概念以后，突破了产品的同质化，引起顾客的认同感，产品的市场空间和目标顾客才会清晰。由于产品的差异化，实现差异营销和个性营销，保证产品开发的适销对路。

3. 促使新产品研发和完善

概念营销有利于验证与调整营销决策，它大大缩短了新产品进入市场后，对产品、营销策略评价的时间。可以很快地进行改进，或者作为后续产品的开发重要依据。

那么，如何对概念进行深度的挖掘和营销呢？社会经济的发展潮流，顺应社会经济的发展潮流对概念营销来说非常重要，可以通过概念营销引导消费潮流，例如环保、节能、时尚等。高新技术能够吸引大众目光，概念与高新技术相关，可提高产品的层次，增加社会的消费欲望，例如智能、纳米、激光等。热点新闻和重大新闻事件能够吸引消费者的眼球。将产品的核心价值与重大新闻事件联系起来，会得到很好的效果，例如阿尔法GO战胜李世石，"人工智能"就成为热词。最后就是消费心理，消费者心理需求及观念的变化，直接影响消费者的消费行为，因此在概念营销中把握顾客的消费心理至关重要，例如绿色、健康等。

三、安防领域的概念营销

1. 智能监控

在安防领域，概念营销已大行其道，最为典型的莫过于"智能监控"。在高清电视的带动下，视频监控实现了数字化，产生了智能监控的概念。智能化的系统不是分别、孤立地反映各种物理量和状态的变化，而是全面地、从它们之间的相关性和变化过程的特征去分析和判定，从而得出真实的探测结果。这就要求安防系统和设备采用人性化的设计，模仿人的思维方法和过程，进行智能的分析和判断。因此，信息和数据的自动解释是基本前提。

图像技术是安防系统的核心，图像信息自动解释是智能监控的关键技术，因此，智能监控成了智能安防的代名词。图像信息自动解释成为安防智能化的基本标志。智能监控反映了社会对安防的需求，指出了监控技术的发展方向。人们期望它能解决传统监控的不足和问题。所以说，智能监控是安防领域概念营销的成功案例。但问题是这个概念用得太泛，几乎所有安防企业都在进行无差别的宣传，导致智能监控的影响力逐步减弱。

2. 增值功能与 DEPA

增值功能与 DEPA 是 IPC 网络摄像机的概念营销关键词。在智能监控的基本功能和应用基本明确后，智能监控系统架构就成了用户关注的主要问题。此时，索尼和松下推出了 IPC 增值功能和分布式增强处理架构的概念。

IPC 是网络监控系统的主要前端设备。它基本功能是：产生图像信息的数字流，经网关直接接入 TCP/IP 网络。智能监控要求它还要具有一些图像智能分析功能，就是增值功能。但图像信息的深化应用在 IPC 还是在后台完成，对于智能监控系统的架构，存在着不同的认识。松下公司提出了 DEPA 的概念，由 IPC 完成图像内容分析功能，保证系统的实时性和技术上的合理性，分析产生的数据传送到监控中心，由后台进行深化应用。这两个概念的营销得到了用户的认可，并促进引导着产品和技术的研发，使智能监控系统很快得到初步的应用。

3. 人工智能

"阿尔法狗"效应使"人工智能"替代了"智能监控",成为安防领域概念营销的热词。安防系统是人工智能应用的重要领域,涉及安防技术的方方面面,或者说,人工智能是支撑安防技术和智能系统的基础技术。主要表现在以下三个方面:

一是实现功能的自主化。目标跟踪、多机联动、功能联动等编程控制功能,机器人、无人机等遥控设备,采用人工智能技术,实现自主动作。摄像机的人工视觉,目标的形态、距离和速度等的感知,实现自主地跟踪目标并提高动作的精准性。机器人的人工视觉,图系统具有判断目标物类型、距离等的功能,可自主地避障、制动等,机械臂的人工触觉,使其具有部分自主动作的功能,并提高作业的安全性。

二是提高动作的精准性和效率。增强特征识别、图像内容分析及搜图等系统的学习能力,提高识别、判断、搜索的精准性和效率;增强系统抗干扰能力、环境适应性,扩展其应用范围。这就会改进算法,提高识别率、速度。摄像机图像调节、宽动态、数字降噪及透雾等的智能处理,获得最佳的图像效果。改进图像内容分析及搜图等系统的学习方法,提高目标分类、行为判断、搜索的精准性和效率。采用深度学习技术,提高识别系统抗干扰能力。

三是提高系统的决策水平。采用深度学习技术,提高预警、风险评估,预案等专家系统的决策水平。深化信息应用,提高大数据应用的水平和价值。构建风险评估体系,安全预警体系,破解公共安全难题,促进和加快现代安全体系的建立。

总之、人工智能是安防系统智能化的必由之路,是支撑安防发展的基础技术。从这个意义上来看,安防领域已经进入到人工智能的时代。

四、概念营销的注意事项

概念营销不是选择一个主题词,作为口号,喊一喊就行了,要围绕主题词,挖掘出多层次的概念,形成一波一波的冲击,但是其中同样隐藏着陷阱:一是太空洞太超前的概念营销,例如对云计算、物联网、大数据等仅是概念上的说明,没有任何实质内容。再如人工智能概念的宣传过于超前,感觉很科幻,让人感觉前景美好,但离自己太远。从根本上来说,是概念与产品契合度不高,因此很难收到好的营销效果。二是没有深度,营销概念可以挖掘的内涵不够,无法产生多层次的立体化冲击,营销效果也不会好,如感知摄像机、星光级摄像机等,这些产品的技术内涵不深,概念可挖掘的深度有限。没有超前性。对已上市产品开展概念营销,意义不大。

五、结语

概念营销是一把双刃剑。一方面,它促进了新技术新理念的传播,推动着技术与产品的发展。但另一方面,它很容易产生市场泡沫,吸引大量安防企业追随潮流参与其中,导致资本与资源的浪费。把握时代脉搏,紧随行业潮流可以减少被时代抛弃的可能性,但从企业的角度出发,真正为社会创造出价值,为用户提供更好的服务,才是企业的立身之本。

(李仲男)

第六节　揭秘上市公司财报中的光与影

苏轼在《题西林壁》一诗中写道:"横看成岭侧成峰,远近高低各不同,不识庐山真面目,只缘身在此山中。"

一、看什么——上市公司财报中的主线

盈利增长,是否达到业内上市公司平均水平,如安防最好达到25%以上。

持续盈利时间,最好三年以上。

风险水平,关注债务、贷款、大型项目应用、应收账款等指标。

主业明晰,投资是否超过主业,主业收入是否明确。

现金流,现金占总资产能否达到10%以上,不同行业有差异。

分析上市公司财报时最好要看连续3—5年的财务报告,这样比较分析才能看出企业发展态势。一般来说,采用年报上的信息更能准确地反映企业的经营能力。上市公司在一段时间内有没有赚钱要看损益表,而其真正的赚钱能力则要关注现金流量表的营业活动现金流量以及损益表上的营业利润。总而言之,分析财务报表的重心应该放在现金、营业利润、股东回报率、总资产周转率等几个方面。

二、怎么看——上市公司财报中的分析原则

分析上市公司财报可以遵循以下几个原则：

从后往前看。一般上市公司不愿让人看的东西大多会放在后面。

查看说明。关键的说明会解释如何确认收入（如 PPP 项目）、记录存货、对待应收账款、分期付款、分摊营销成本等，而这些恰恰是上市企业财报中可能模糊处理的关键因素。

关注风险因素。关注债务、贷款等风险因素，因为这些未来可能会吞掉企业大量甚至是全部的利润。

主业是否明晰。研究投资占总资产比率，这是决定主业是否明晰的关键指标，缺乏主业或主业不突出的上市企业，一般不具备长期竞争力。

抽出身来，站在第三方的角度，看上市企业经营的整体业务收入（资金）循环，包括融资策略、资本支出、企业经营、现金流等，具体见图 2-3。

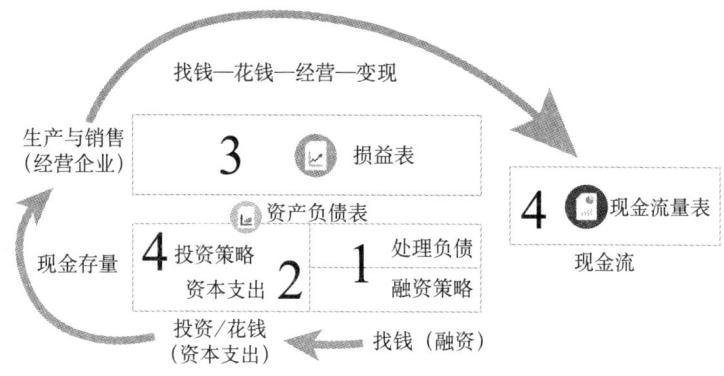

图 2-3　企业经营的资金闭环

注：融资策略（找钱）：金融市场——银行、资本市场——股东；资本支出（花钱）：买企业经营所需资产；企业经营（用钱）：买来的原材料，进行研发、生产，最后销售，卖给用户；变现：赚到的钱，变回现金。

三、留心什么——上市公司财报中可能出现的陷阱

留心上市公司财报中可能出现的陷阱：

大幅变化的指标，如资产高度抵押，这可能意味着上市企业现金流出了问题；超高增长率，有时能反映出资本市场压力过大。

大幅变化的会计科目或经常调整的会计规则，有时是上市企业制造虚高利润的手段，如改变折旧或分摊费用的周期、应收账款大幅上升（可能企业为追求收入而破坏正常的市场渠道或通过纸上公司进行频繁出货）。

急于确认收入。时下，一些大型城市建设项目多采用 BT、BOT、PPP 等模式。这些项目周期很长、风险较大。这时，上市企业急于确认收入就要仔细分析原因了。

新概念、新模式的投入及利润。当前，大多数企业都在宣传大数据、人工智能、深度学习、生物识别、物联网等新技术概念，PPP、资本化、证券化等新模式，但这些概念和模式并不容易做到，这时我们还是要认真地看看，这些所谓的新工具到底为该企业带来了多少收益？是否需要持续大量的投入？项目是否有保障？每个时代都有自己的新概念，但最终检验企业的还是持续的盈利能力。

四、思考什么——上市公司财报中的可能出现的战略问题

频繁并购，不断发生"一次性成本"。频繁并购在短期内可以体现出利润增长，但实际上往往没有实质的增长，只是表内数字的变化。长期来看，频繁并购会伤及上市公司的核心竞争力。

企业是否持续采用OPM策略（other people's money）。上市公司有时会利用其规模优势，增强与上下游企业的讨价还价能力，将占用在存货、应收款的资金及资金成本转嫁给上游供应商或下游集成商，从而加快自身的现金转化周期，增大当期现金流量，但长期如此会伤及上市企业的市场渠道和品牌。

上市公司是否能够在战略上做到"以长支长"（即长期资金投入长期战略）。众所周知，资产负债表左边是"公司真正拥有的资产"，右边是"公司如何获取这些资产的找钱方式（外部借钱还是自有资金）"，在上市企业日常经营中应以长期资产对应长期负债，短期资产对应短期负债。严重的错误就是"以短支长"，即用短期借款去投入到长期战略中，据统计40%的企业是因此破产的。

上市公司的盈余分配是否合理（现金为王）。上市公司赚到钱了，如何花钱的选择多种多样，投资地产、投资企业、并购企业、还款、分红……，但事实上，无论做怎样的选择，理智的上市公司应该先保留下20%~30%的现金，手握现金无论何时都能买到大部分想要的资产，但手握大量资产却不一定能实时换成足够的现金让公司持续生存下去。

上市公司经营不够灵活，其大多数收入来自一个或少数大客户。

上市公司是否花了足够的资金来拓展新业务或加大研发投入。

上市公司竞争壁垒不够坚定，可能出现替代者，或新技术替代品。

（曹国辉）

第七节　当行为金融学遇到投资
——非理性投资的规律[①]

现代投资理论大多是建立在理性投资行为假设这一前提下的。有效市场假说、投资组合理论等，都认为投资者会在股市、房市等投资时做出理性价格评估，其行为可以合理反映股市、楼市前景。

但对于广大投资者来说，理性投资行为近乎天方夜谭，股市、楼市的非理性投资才是绝对主流。这种理论与现实严重脱节的现象，直到近些年行为金融学的出现才得以纠正。

行为金融学家认为投资者行为与理论存在系统性偏差，而且这种偏离是有规律可循的。

一、非理性投资规律之一：过度自信

行为金融学家通过研究发现，大部分投资者都存在过度自信，认为自己能够战胜市场、跑赢大盘。在这种心理的带动下，他们往往会过度交易，甚至融资融券炒股或借钱买房，当整个群体频繁发生这种情形时，

[①] 本文部分观点参考《漫步华尔街》（伯顿·G. 马尔基尔）。

就容易形成泡沫。与普通投资者相比，具备一定专业与行业知识的投资者，通常更倾向认为自身有能力预测市场未来走势，他们对许多高科技或增长型股票情有独钟，这也是此类股票被严重高估的主要原因之一。

二、非理性投资规律之二：迷信+固执

大部分投资者虽然相信市场价格波动的随机性，但在投资行为中难免寻找各类分析工具作为自己判断的依据。事实上，据统计，无论是各种流行的趋势图形，还是专家推荐，通过历史数据预测未来的诸多手段，放在一段较长时间来看，其投资效率大多无法超过综合指数基金（甚至是著名的投掷实验的猩猩）。

多数身在局中的投资者，即使相信这些统计数据，但仍固执地认为自身具有他人无法具备的优势，这种经过强化的固执在亏损的投资者身上尤为明显。就像深陷困境的赌徒，他们只能选择听取好的预测来坚持赌下去，对市场不利的因素他们往往视而不见。

三、非理性投资规律之三：羊群效应

著名社会心理学家勒庞说过：群体不善于推理，却急于采取行动。在股市、楼市泡沫出现时，群体的无意识行为会逐渐取代个体的有意识行为，这时羊群效应凸显，大众跟风热潮风起云涌，从400多年前的"郁金香热"到21世纪初的"超级网络泡沫"，再到几年前的"次贷危机"，一次次盛世狂欢，一次次梦幻泡影。羊群效应不仅催生了泡沫，还最终挤破了泡沫。经济周期、市场周期是人性引发的必然结果，市场好的时候我们过于乐观，导致盲目加大投入，这就一定会为悲剧结局埋

下种子。

四、非理性投资规律之四：损失厌恶

对于大多数投资者来说，等值的损失比相对合乎意愿的收益被人厌恶得多。所以，人们往往更倾向卖掉赚钱的股票或房产，而牢牢抱紧亏损的投资，这就失去了更多的机会成本，使投资效率大打折扣。这种心理定式被医生经常用到，在为癌症病人提供治疗方案选择时，以存活率还是死亡率方式表述，往往代表病人的病情恶化程度和医生的真实建议。

五、建议

针对上述四类非理性投资规律的特点，笔者做出如下建议：

在投资过程中，应避免跟风行为。对于媒体、基金公司等机构的投资建议应理性分析，笔者常年为各类基金、投资机构提供培训与咨询服务，其实他们对较专业领域（如安防）的市场、上市企业也并不太了解。

在交易过程中卖出赔钱的股票或房产，通常比等待其升值的投资效率更高。

对热门的投资建议（如高科技、新政策导向等，尤其是新消息）应保持冷静，不要相信万无一失的策略，任何事情如果看上去太好，往往可能就是圈套。正如西方谚语所说：如果你在牌桌边落座，却辨不出谁是容易上当受骗的傻瓜，那就起身离开牌桌吧，因为你就是那个傻瓜！

（曹国辉）

第八节　论经济新常态下的企业发展模式

笔者认为，一般来说，成功的企业有三种发展模式，我们可以将之总结为：外延式经营扩张模式（先做大）、内涵式价值提升模式（先做强）、资本助力提速的发展模式（先做快），优秀的企业更多同时采取上述两种或三种模式并行发展。

外延式经营扩张模式。在当今智慧互联时代，产业融合、跨界融合屡见不鲜，大数据、云计算、共享经济等新技术、新思维不断涌现，尤其是股市的非理性融资和新三板市场的无序膨胀，更是为这种模式大行其道做足了铺垫。在具体实施外延式经营扩张模式时，往往要求企业具有一定规模，通过并购、产品或服务快速复制等手段，实现产品线延伸、市场渠道大规模扩展。因此，我们说，这是一种以企业"做大"为主要目标的发展模式，实施此模式时，切忌全线扩张、超速发展或短债长投，因为这样会造成企业现金流短缺，而陷入困境。

内涵式价值提升模式。这种模式的出现是由于行业市场进入成熟期后，经营压力加剧（如产业集中度加强、竞争激烈、渠道扁平化、企业利润大幅度下滑等），企业通过外部经营扩张获取利润难度加大，转而向内提高经营、管理效率（如关注管理能力提升、注重产品质量等）。

企业实施该模式主要是通过专业化与自动化经营、精细化与规范化管理等手段来实现的，如精工制造、柔性制造、规范财务分析与管理、深耕专业领域解决个性化需求等。因此，我们说，这是一种以企业"做强"为主要目标的发展模式，实施此模式时，切忌"大而全""小而全"思路的干扰，专注于核心能力、专业能力的培养。

资本助力提速的发展模式。这种模式首先出现于互联网行业、高新技术领域，由于这些新经济领域发展迅速，并容易获得资本市场青睐，两者结合就产生了这种先做快（未来预期好）再谈盈利的商业模式。后来部分传统行业随着规模整体变大、发展速度较快、产业融合加剧时，融资渠道随之必然日渐成熟，风投、PE、上市等资本手段越来越丰富，BT、PPP等大项目融资渠道也得到了广泛应用，这些都对企业经营形成了良好的支撑，也为企业的快速发展奠定了基础，而资本对于资金回报的迫切性，则在一定程度上加速了企业发展（这里有好也有坏，下文详述）。因此，我们说，这是一种以企业"做快"为主要目标的发展模式，实施此模式时，切忌迫于资本压力，而盲目的进行企业的多元化、金融化，或过度透支企业未来利润（如应收款快速加大、盲目并购、降低研发投入等）。

一、企业做大的发展模式——外延式经营扩张模式

外延式经营扩张模式是以企业外部因素作为动力和资源来发展的一种模式。它强调的是对企业规模、员工人数、产品线长度等要素进行扩张来扩大企业经营规模，从而实现市场份额增长，这种模式主要是为适应外部市场需求变大而表现出来的企业扩张形态。

企业外延式发展往往需要通过并购手段来实现。并购通常包括狭义和广义两种：狭义的并购是指企业的合并、兼并与收购；广义的并购是指通过企业资源的重新配置或组合以实现某种经营和财务目标，包括改善企业的经营效率、实现存量资产的优化配置和增量资产的现代化等。成功的并购一定是有战略牵引、带有明确战略目标的并购，这种目标一般是为了完善产品线、扩大服务规模、补充业务短板等，通过并购企业可以实现快速成长。

企业并购要先有战略，后落地实施，要先考虑到并购的目的是为解决什么需求，如何整合、消化并购企业，并购企业是与母公司有主营业务冲突还是有更好的业务、产品线补充？对安防企业而言，并购更多要考虑原有企业的血脉传承，不要做跨越性过大的并购，如硬盘存储制造商可以并购完善其产品线前后端的视频采集、显示等厂家，但如果去做集成商、施工商的并购，那整合的难度就非比寻常了。

并购不是件简单的事情，仅就需要整合的因素而言，就会让人手忙脚乱，销售、市场、生产、人力资源只是需要协调的少数职能，而使并购失败的因素多是公司很难察觉到的，如企业文化、经营理念、财务纠纷、高管流失等。经常被引用的数据是并购进行五年后，50%并购以失败告终，在国内这个数字更是被提升到了惊人的80%。并购几年后，企业间的整合协同效应没有出现，公司充满矛盾、缺乏目标、士气低落、客户与人才流失，结局往往是以被并购企业在母公司体内"倒闭"而告终。

企业在以并购为手段，实施外延式扩张模式时，往往与粗放型成长相联系。外延式发展在为企业带来规模扩大的同时，也带来了成本快速增加、内耗严重、产品质量难以提升、利润不足等弊端，而投资资本为追求高回报，可能会破坏企业竞争优势，以完成短期利润回报，如减少研发、加大应收款、以资本公积进行股本溢价等。因此，可以说，外延式发展是企业成长期（或上市后通过资本优势快速扩张期）的一种选择，但很难作为企业持之以恒的一种发展模式（成熟期），企业渡过粗放发展期后，应更多选择侧重内涵式提升的发展模式。

二、企业做强的发展模式——内涵式价值提升模式

内涵式价值提升模式是指企业集中资源于某一项自身具有竞争优势的产品或服务，通过集中优势资源形成专业化、自动化能力，塑造出企业的核心竞争力，从而赢得市场。这一发展模式的重点在于为自身经营管理设定界限（管理学成为设限），然后通过定向积累进行专业化发展，切忌"大而全""小而全"的经营思维干扰，企业更多专注于自身业务或内部管理（提升效率）来挖掘、形成企业的专业能力。

企业采取外延式发展多关注外部市场，并借助外部力量，而内涵式发展模式则需要企业更多通过产品研发、业务创新、技术提升、管理增强来提高自身效率和竞争力。因此，这是一个相对缓慢的长期积累过程，但其带来的优势是可持续、稳定的增长和实质性竞争能力的提升。

正如并购是实现外延式发展的有效手段一样，内涵式发展的关键在于创新与积累，我们可称之为持续创新能力的培育。这需要更注重企业内部产品与服务技术含量的提升、品牌建设、管理能力加强，通过不断修习内功，企业可获得更高毛利率、更高的效率和更稳健的现金流，这也同时增强了企业的抗风险能力。在当今已进入大数据、云计算的大时

代背景下，对内涵式发展提出了更多更高的要求，塑造学习型企业、知识型企业尤为必要，同时企业如何形成自身的数据挖掘能力、数据分析能力、技术研发能力、共享服务能力等均将会是衡量企业价值提升的核心因素。

在未来的安防市场格局中，将会出现两类主流企业，一类是拥有核心竞争能力的中小企业，它们专业化能力突出，能够有针对性地满足用户个性化需求；另一类是产业链各环节必将出现3~5家龙头企业引导细分市场发展，此类企业业务范围较广，溢价能力很强，多为上市公司，借助并购或产业链延伸能充分发挥规模与范围经济效应。目前，视频监控类制造细分市场格局基本形成，由于体制和需求等，系统集成、报警服务市场的龙头企业仍未出现（估计会很快）。

对于安防企业来说，在早期行业快速发展，市场空间、利润空间巨大、融资渠道畅通的背景下，多采取外延式发展来迅速做大（很多安防企业前几年都流行做整体解决方案供应商、平安城市运营商），而在目前市场相对成熟、透明的背景下，中小规模企业则应将重心放在踏实稳健的内涵式发展思路上，并以提升自身产品、服务能力，专注解决个性化、专业化需求，在技术与产品创新方面持续积累为己任，从而形成不易替代的竞争壁垒，使企业得到长期、可持续发展。

三、企业做快的发展模式——资本助力提速的发展模式

安防行业自从2006年基本打通融资渠道以后，资本大量涌入、上市公司日益增多，已从零起步发展到目前70多家上市企业（不含新三板），形成了从VC到PE再到IPO的立体式资本助力服务体系。通俗来

讲，针对企业有股权融资、债权融资、项目融资等融资方式（项目融资是债权融资的特殊表现形式，所以单列出来）。

1. 股权融资

股权融资是指企业的股东愿意出让部分企业所有权，通过企业增资的方式引进新股东（总股本同时增加）的融资方式。股权融资所得资金，企业无须还本付息，但新股东将与老股东同样分享企业的赢利和增长。在企业发展过程中，股权融资具有长期性（不需归还，减少了现金压力）、不可逆性（投资回报须通过股票流通市场或并购收回）、无负担性（没有利息压力）等几大特点。股权融资按融资渠道一般分为公开市场发售（上市）和私募发售（PE）两种。

2. 企业上市

企业上市既可以解决资金问题，又有助于提高企业的管理能力，上市为企业带来了诸多好处，比如：企业上市引入各类投资者，开辟了一个新的直接融资渠道，更便于获得保证企业持续增长所必要的资金及其他资源；上市后，必须按照规定建立一套规范的管理体制，这对于提升企业管理水平有较大促进作用；上市后，成为一家公众公司，对于提升企业及其品牌知名度有较大推动作用；上市后，可以利用股票对企业高管人员进行股权激励，减轻现金支出压力。

3. 私募股权

私募股权（PE）多指投资于具有高成长性非上市企业的资本。私募具有风险承受能力强、关注企业未来发展、关注企业管理团队、不谋求控股、中长期投入、多轮联合投入等特点。广义的 PE 包括 VC 风险投资、GC 成长资本（中后期）、LBO 并购资本等，其退出方式多以 IPO

或所投资企业被收购来实现。值得注意的是，在 PE 融资过程中，资金提供者多分为产业投资者、战略投资者、财务投资者三大类，企业应根据自身现状和所需资源配置，重点关注那些能对其产品或服务有帮助，能提供更多行业资源、客户人脉、管理增值、战略指引的投资者。对于创业型的中小企业来说，更应关注私募股权融资，因为从资金获得的可能性方面，PE 是创业企业的最佳选择；从融资成本、辅助创业者套现等方面，PE 与其他融资渠道相比优势也极为明显。

但企业在引入私募时应注意几个问题：第一，企业是否需要进行私募，通过私募需要解决什么问题（如解决资金问题、套现、改善治理结构等）；第二，企业应在其发展的哪个阶段引入私募（过早引入 PE 可能会导致失去控股权）；第三，如何确定引入私募的规模（资金与股权的配比）；第四，优质的企业应采取分阶段、分轮次的融资方式，以保证自身利益的最大化（融资金额与股权份额最大化）。

4. 债权融资

债权融资是指企业以借钱方式进行融资，企业要为融资款支付利息，并在到期后偿还本金。债权融资的特点决定了其用途主要是解决企业营运资金短缺的问题，而非资本项目的开支。一般来说，按融资渠道不同，债权融资可分为银行贷款、民间信贷、债券融资、信托融资、融资租赁、项目融资等几大类，其中银行贷款是主要的融资方式，但对于没有上市且非国有的中小安防企业来说，银行贷款很难获得。近年来，随着平安城市、智慧城市、雪亮工程等一系列大型社会化项目工程的开展，融资租赁和项目融资已经逐渐脱颖而出，未来必将成为行业主要的融资手段（尤其对集成商而言）。

5. 融资租赁

融资租赁又称设备租赁是指转移与资产所有权有关的全部或大部分风险及报酬的租赁。近年来，为缓解企业融资难、融资贵的困境，拉动企业设备投资，带动产业升级，在安防、智慧城市建设项目中，融资租赁模式得到了日益广泛的应用。融资租赁是集融资与融物、贸易与技术更新于一体的新融资模式。由于其融资与融物相结合的特点，出现问题时租赁公司可以回收、处理租赁设备，因而，在办理融资时对企业资信及担保的要求较低，这样一来此模式就特别适合中小企业融资。自2007年后，国内融资租赁市场进入快速发展期，业务量由80亿元猛增至2016年的5万亿元以上。

广义的融资租赁可分为以下几种模式：一是简单融资租赁，是指企业选择购买设备，由出租人购买后交其使用（出租人对设备不负责，折旧在企业）。二是回租融资租赁，是指设备所有者以市场价卖给出租人后再行租赁使用，这样一方面企业拥有设备使用权，另一方面还能获取资金（此模式多用于已使用过的设备）。三是杠杆融资租赁，是指由租赁公司牵头成立项目公司，以其为主体进行融资（资金来源多为大型金融机构），此模式更适合大型城市级项目租赁（可以大量减税）。四是项目融资租赁，是指集成商、工程商以项目自身财产和效益担保，与出租人签订项目融资租赁合同，企业可通过自己控股的租赁公司采取这种模式推销设备、扩大市场份额，此模式在通信、医疗、交通等跨国公司或大型国企中应用广泛。

融资租赁模式除了融资方式灵活，还具备融资周期长、还款压力小等特点，中小企业通过融资租赁所享有的资金期限一般可达三年，这高于一般银行贷款，在还款方面，中小企业也可选择分期还款，这极大地减轻了还款压力，能有效防止企业现金流断裂。

一般来说，融资租赁比较适合生产制造型中小企业，特别是那些处于快速发展期、市场前景广阔，但现金不足或需要扩大规模再生产的中小企业。对于项目集成、施工、运营服务商而言，项目融资模式是其更好的选择。

6. 项目融资

项目融资是指为需要大规模资金的项目提供的一种融资方式，项目融资与企业融资相比具有明显优势。详见表2-3。

表2-3　　　　　　　　项目融资与企业融资的对比

差别	项目融资	公司融资
融资基础	项目收益/现金流量	债务人的资产与信用
追索程度	有限追索或无追索	完全追索，连带其他资产
风险分担	所有参与者	发起人/债权人/担保人
贷款比例	发起人出资比例较低（小于30%），杠杆比例高	发起人出资比例较高（30%~40%）
会计处理	资产负债表外融资，债务不出现在发起人的资产负债表上，仅出现在项目公司	债务是发起人债务的一部分，出现在其他资产负债表上

伴随着安防行业的快速发展，传统集成、施工、服务市场也正在迅速转型，逐渐由工程为主体业务、单纯的关系型项目市场，转变为以技术研发为牵引，以云平台运营和系统集成为核心，以综合的运营服务体系为表现的集成与运营服务市场，这种转型进一步带动了产品制造、系统集成、平台运营与综合服务的联动发展。在这次转型浪潮中，涉及大部分安防集成商、工程商、服务商对三种模式转变的思考。第一，技术模式转变。由以硬件设备为主导的工程集成模式向着以大型综合服务平

台为主导的（云）平台集成与服务模式转变。第二，经营模式转变。由以工程为主导的项目模式向着以综合服务为主导的运营服务模式转变。第三，商务模式与资金模式转变。大型项目由传统模式（财政支出）向PPP、EPC、BT等模式转变；巨系统集成的大型综合项目增多，企业难以单打独斗，借助互联网平台的共享经济模式成为必然。从这些转变中，我们可以看出，随着项目规模不断扩大、资金要求日益增加，城市级大型项目单靠政府财政拨款已明显不可能（由于地方政府债务等因素影响，国家财政收入难以支撑这么大的投入），因此，近几年不断涌现以融资为重点的创新项目模式应用。详见图2-4。

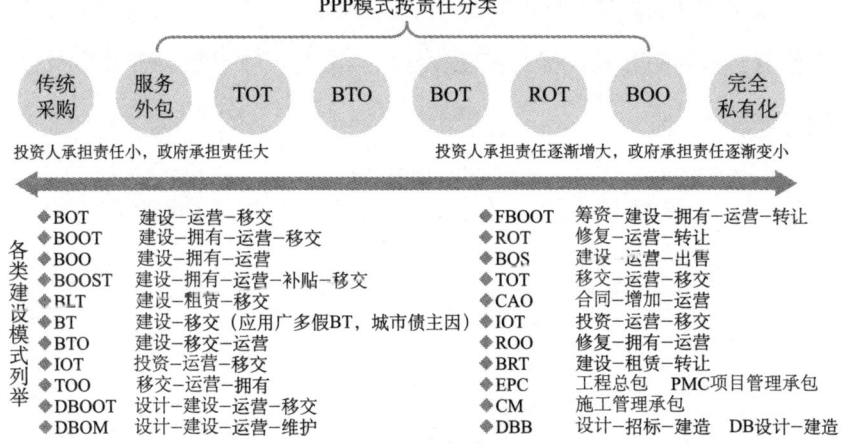

图 2-4　几种创新项目模式简介

自 2014 年起，国家重点支持以 PPP 为主导的多元化融资模式，并通过两年时间对相关政策法规、主管机构、银行贷款与基金支持等方面做了全面布局（国家发展改革委与财政部牵头，千亿先导基金配套，证监会项目资产证券化支持等）。PPP 本质是政府与社会资本的合作伙伴关系,是指公共部门为提供某种公共物品或公共服务,以特许经营权协议为基础建立起来的一种长期合作关系。这种伙伴关系通常需要通过正式的协议来明确双方的权利和义务,以确保项目的顺利完成。在种种关系下,公共部门与社会资本发挥各自优势来提供公共服务,共同承担风险、分享收益。

PPP代表的是一个完整的项目融资概念,政府并不是把所有项目责任全都转给社会资本方,而是由参与合作的各方共同承担责任和融资风险。政府的公共部门与社会资本以特许经营协议为基础合作,与以往模式不同,他们的合作始于项目的确认和可行性研究阶段,并贯穿于项目整个过程(全项目生命周期),政府通过特许经营权、合理计价、财政补贴等公开透明方式,事先明确收益成本机制,吸引社会资本参与建设。详见图2-5。

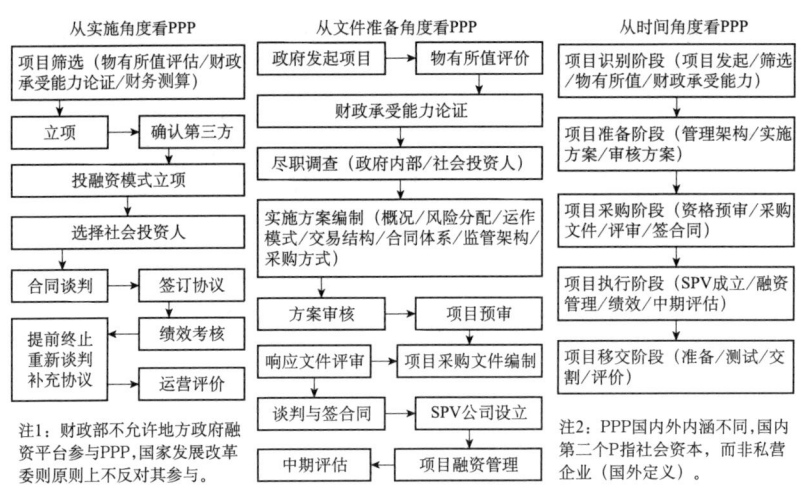

图2-5 从各个角度全面了解PPP模式

PPP 模式的实施要遵循几个原则，即政府公共服务部门和社会投资者利益共享、风险共担；要有利于实现公共利益最大化，同时兼顾社会效益和经济效益；要保证社会投资者有合理的收益但不能是暴利。

综上所述，笔者认为 PPP 本质是政府与企业在财务精算的基础上，合作共赢、风险共担的非暴利（一般 6%~8% 收益）、长周期（多为 10~30 年）、大额度（金额多过亿元）、全生性周期（投融资 + 建设 + 运营 + 移交）的项目股权投资模式。详见表 2-4。

表 2-4　　　　　几种项目模式的对比

	对象	方法	运作时间	合同时限	风险	控制	股权	收益
传统模式	总包—设备/工程/服务供应商	评标	1~3 月	1~3 年	企业有短期风险	无	无	建设工程收益
BT 模式	投融资商、总包—设备/工程/服务供应商	评标	3~6 月	2~4 年	企业有中期风险	建设期控制权	建成转移	投融资与建设工程收益
BOT 模式	投融资商、运营管理商、总包—设备/工程/服务工程商	评标	半年左右	10 年左右	企业有长期风险	中长期运营权但需要移交	建设运营移交不持股	投融资 + 建设 + 持续运营收益
PPP	投融资商、运营管理商、总包—设备/工程/服务工程商	综合评审	半年左右	10 年左右	企业有长期风险	长期运营权	比例持股	投融资 + 建设 + 持续运营收益
PPP 特点	投资 + 建设 + 运营		周期长	时限宽	风险大	长期控制	持股权	持续收益

对于企业而言，PPP 模式的优势在于将项目投资、建设开发、运营服务三大类业务紧密结合，企业可借助 PPP 模式优先选择收益比较稳定、中等投资规模、长期合同关系清晰、符合企业未来发展目标、技术

较为成熟且已进入 PPP 项目库的项目开展。企业在现阶段可重点投入平安城市、健康养老、停车场设施与运营、智慧医疗、垃圾处理、智慧生态旅游等领域。

更为重要的是，企业应在 PPP 模式的引导下，根据业务需求和行业发展，建立自身的投融资体系，具体包括投融资渠道的选择和投融资平台的搭建。

安防项目融资，除了 PPP 模式外，企业还可以选择利用国开行政策性贷款、商业银行贷款、债券融资、股权融资、产业地产投资信托、保险投资等多种融资模式。不过，对于中小企业融资而言，这些融资模式难度较大，而通过 PPP 模式组建 SPV 公司，更容易获得以上融资支持。见图 2-6。

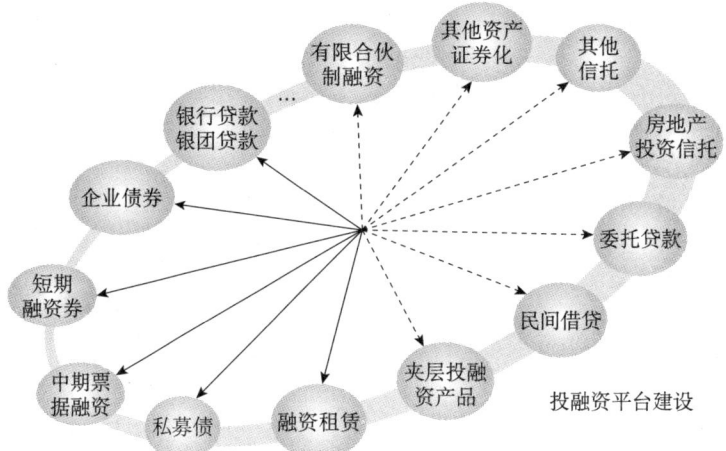

图 2-6 PPP 模式下的企业投融资体系建设
（投融资渠道选择 + 投融资平台搭建）

（曹国辉）

第三章　中国人的安防生活

第一节　安全投入要算账吗

对于安全的投入经常有两种截然不同的观点，一些人认为没什么用，"如果安全投入要花钱，那要公安干什么用？"另一些认为安全投入很重要，这是对生命的重视，应该不计成本地投入。

其实两种看法都有所偏颇。安全投入分为很多种，公安负责处理公共安全部分，且普遍存在安全误报过多、警力不足等问题，因此生产安全、商业安全、民用安全等大部分不能纳入公共安全管理，这就需要安全责任的主体（企业或个人）进行投入，但这就意味着要不计代价地投入吗？

事实上，除了应急与反恐等少数涉及重大灾害事故、国计民生的安全外，大部分安全投入都需要算一算账。

安全投入与其他投资行为不同，因为它很难产生直接收益，所以没办法计算投资回报率。但企业经营提高利润有两种方式：一种是增加收入，另一种是降低成本与费用。安全投入虽无法带来收入，但科学合理的投入方法会最大化地为企业节省费用。例如连锁便利店安装视频监控联网报警系统，不仅能有效防范暴力事件发生，也会对盗窃行为起到很好的震慑作用，同时，如果购买智能视频分析服务，还可以对货架摆放、采购行为、用户群体种类等做出分析,从而辅助店铺的日常经营管理。

企业对安全的投入应依据哪些原则?又怎样科学合理地计算投入金额呢?我认为,企业应按照下面四个步骤计算安全投入。

首先,制定出企业安全投入的上线,即解决问题本身的价值。比如,某仓库安装监控系统目的是为了防止财产丢失,但小偷一般不会偷走全部货物,所以监控系统加相关值机人员(或库管员)的总投入上线,应该不超过可能多次损失货物的总值。

其次,具体分析可能面临安全风险的种类与危害程度,比如人身伤害(生产事故等)、环境污染(印染化工等)、财产损失(盗抢等)、降低工作效率(保安冗员等)、影响企业声誉(网站被攻击等)、员工流失(经营环境不安全)等诸多问题。

再其次,根据企业自身实际情况,合理地选择安防系统与服务。此时,要结合同类情况下的犯罪率来判断危险事件的发生概率,然后考虑企业自身的承受能力,最终确定采用何种防范手段,是技术防范(安防系统)、人力防范(安保服务)、实体防范(门锁柜墙),还是几种防范手段联动处置。例如金店等高安保要求单位多采用技防加人防的视频联网报警运营服务,而街边小店则往往自己安装民用摄像头,通过手机报警给店主。

最后,企业要算一算安全投入的细账了。一般来说,企业安防系统或服务投入(包括购买设备、集成、施工、运维、长期运营服务、安保人员薪酬)等于发生一次安全事故所带来的损失成本乘以发生此类事件的概率。但要注意,这里所指的投入是能100%起到防范作用的理想投入，如果投入效果只是减少了损失，则还要乘一个百分比系数。例如一家超市每次由于偷窃损失200元，每天估计发生偷窃行为的概率是20%，则其安全投入=200元×20%×365天=1.46万元/年，但这个数字只代表完全杜绝了偷窃行为，实际上，由于安装监控系统只会避免80%的偷窃发生，所以这个数字还要再打个折扣，即1.46×0.8=1.168万元/年。

上面讲的是安装安防系统与服务的投入。发生安全事故时，大多数造成的财产损失还可以通过各类保险业务予以弥补，企业的这个投入也要考虑在内。由于这是常识问题，就不再赘述了。

企业经营要未雨绸缪，安全投入虽然大多无法直接体现价值，但关键时刻会发挥起死回生的作用。明智的企业家应仔细研究、认真算账、合理投入。

（曹国辉）

第二节 安防领域的非传统安全威胁

站在国家安全的高度上,公共安全把防范目标确定为传统安全威胁和非传统安全威胁。在安防领域,也同样存在非传统安全威胁的问题。安防领域的非传统安全威胁并不是一个全新的概念,曾有高科技犯罪的提法,就指出了区别于传统安全威胁的新威胁的概念,当信息社会的特征充分展现,虚拟世界的安防问题提到日程上后,安防非传统威胁的概念就已经形成了。深刻地理解安防领域的非传统安全威胁,是构建新的安防体系、确定新的防范目标和系统要素的基本前提,也是现代安全基础理论的一部分。

一、非传统安全威胁定义

在安防领域,相对传统安全威胁而言,非传统安全威胁是指:不能用传统方法防范的安全威胁(问题),主要涉及网络信息安全、网上犯罪、采用高科技手段犯罪、非法搜集个人信息、传播虚假负面消息、制造恐怖情绪、大型团伙犯罪,金融诈骗、公共卫生安全和食品安全等领域。非传统安全反映与传统安全观相对应的新安全观。

通常安防系统采用将入侵者与防护目标隔离开的方法来防范各种威

胁。因此，要建立封闭的防范区；采用探测、识别、监控等技术发现入侵，控制入侵过程；采用有效的反应来制止入侵活动。这种防范方法，显然不适用于上述非传统安全威胁。

当前非传统安全威胁之所以成为安防领域最主要的现实威胁，有其复杂深刻的历史背景和原因，主要有以下几个方面：

互联网技术的迅速发展和充分覆盖，特别是成为公共交易的平台，使网络成为财富、知识、信息最密集的地方，自然成为各种犯罪活动密集的场合，网络（包括通信设备）也成为犯罪的工具和手段。网络技术的发展与防范机制的不匹配（防范滞后）使得虚拟世界犯罪的风险降低，导致虚拟世界的犯罪日益猖獗。

高科技犯罪日益严重，现代交通工具、通信技术和其他高科技装备、工具，催生了许多新型犯罪。即使传统的犯罪活动，由于采用了上述工具和装备，也使传统的防范手段失去了作用。团伙犯罪和犯罪活动投入加大，传统的盗、抢等已不能满足犯罪的目标，出现了职业化、常规化的犯罪。

经济全球化加速发展，生产要素流动和产业转移加快，各国相互依存日益加深，全球经济已经成为一个有机、互动的整体。为各国经济发展带来有利条件的同时，也导致跨国犯罪日益猖獗，传染性疾病传播范围和速率明显增快。

社会、经济发展不平衡、收入差距加大导致各种社会（政企间、企业间、劳资双方）矛盾加剧，加之国际恐怖活动猖獗的影响，为不平衡心态、绝望心理和极端思想滋生和蔓延提供了土壤，导致暴力、爆炸等极端行为增长。

新型犯罪的防范机制不完善，使各种非传统安全威胁难以得到及时遏制。

我国在《国家中长期科学和技术发展规划战略研究》中，就把这些问题纳入公共安全所应对的安全威胁。在当前的世界形势下，中央明确提出：公共安全的防范目标是传统与非传统安全威胁，是把公共安全及安全防范提高到国家安全的高度，是安防的新定位。

二、安防领域主要的非传统安全威胁

诈骗，冒充执法或主管部门，要求被骗人主动配合相关的调查。在这一过程中，钱会在不知不觉中甚至是被骗人主动转移给行骗人。通常是团伙犯罪，职业化的进行程序化的操作；售假，通过网购销售假冒产品或销售各种违禁品、犯罪工具等；教唆犯罪，在应用软件中，植入讲授各种作案方法的内容；个人信息，收集、盗取、贩卖个人信息，利用隐私进行敲诈，贩卖数据获利；散布负面信息，制造恐怖气氛；散布虚假消息，欺骗宣传。通过网络、电信煽动、组织、指挥犯罪；利用刷评，打击竞争对手；暴恐，制造爆炸，暴力袭击等；走私、贩毒；侵占、损坏公共产品。

非传统安全问题具有以下主要特点：

跨地域性，非传统安全问题从产生到解决都具有明显的跨地域性或跨国性，异地指挥、异地作案、多地同时作案，流动作案、快速转移（人、财物）等是常态。如电信诈骗，案犯在国外，诈骗对象在国内。国内案件也是如此，某地发案，很快嫌疑人就已转移到异地，甚至到国外；被骗人在某地，但被骗钱却转账至异地，并被立即取走。

突发性，传统安全威胁从萌芽、酝酿、激化，往往会有一个矛盾积聚、性质演变的渐进过程，会表现出许多征兆。非传统安全威胁却经常会以突如其来的形式迅速爆发。如禽流感等都是在毫无防范的情况下发生的。近年来，独狼式暴力事件的发生都具有明确的突发性。这种突发性使防范的难度明显增大。

从现实世界向虚拟世界转移，传统治安事件逐渐从现实世界向虚拟世界转移，由于安防系统的普及和应用，有效地降低了传统盗、抢案件的发生，直接对生命财产的威胁逐步从现实世界转向虚拟世界。如银行营业场所的柜台抢劫、运钞车抢劫已经很少发生，主要转向电信诈骗、网上转账和ATM机犯罪等。同时，虚拟世界又是获得无形资产（个人信息、数据、隐私等）等最佳渠道，因此，虚拟世界成为非传统安全威胁的主要表现领域。

无形资产的占用、使用，传统安全威胁直接指向物质财富（生命、财产），而非传统安全威胁会指向无形资产（个人信息、数据、隐私等），通过这些信息也可获得一定的物质财富。如根据个人信息可设计诈骗计谋，利用隐私进行敲诈，巨量的数据可能卖钱等。

非传统安全问题比传统安全问题具有更强的社会性。不仅是某个单位、部门的个别问题，而是关系到国家安全的问题；随着人类社会交往和联系的日益发展，特定人群活动范围在不断地扩大。非传统安全问题就很容易从一个地区向其他地区蔓延和扩散（新闻报道及自媒体等传播手段也是助力），使局部的问题演变成全局的问题。

传统安全带来的威胁主要关系到具体生命、财产的损失；而非传统安全问题带来的威胁主要关系到社会、经济的安全环境，民众的自信心和安全感。

传统安全与非传统安全的差别，实质是新旧安全观、方法论和价值观的反映。传统安全威胁主要就生命、财产的损失。安全就是不受损失，所以物理防范是应对威胁的基本和主要方法和手段；评价损失和防范效果的尺度就是价值（钱）。

非传统安全则不同。威胁可能是精神、舆论、信誉等非物质的损失。安全是能够有效地控制这些态势的发展不超过可容许的程度（即控制风险不超过可容许的程度）。舆情的价值也不能用钱来衡量。

最后，特别指出：非传统安全问题对于我国还有着特殊的意义，经验证明，社会安全问题主要是伴随城镇化过程出现、加剧、蔓延的。发达国家的城镇化伴随着工业化过程，而我国的城镇化是伴随着信息化进程的，而且我国城镇化规模之大、速度之快是前所未有。所以具有更多的未知性、不确定性和不断新生的威胁。

（李仲男）

第三节　安全攻守道

在某种程度上来讲,安全是执法者与违法者、攻击者与防御者的博弈。这种博弈是通过技术、权力、资金等诸多关键要素在对立双方之间不断建立平衡、打破平衡、再建立平衡,如此循环往复来实现的。例如,过去的走私行为往往通过权力渗透或单纯的高风险行动来实现,这些年通过利用高技术工具,走私者使用经过动力改装的大型摩托快艇(俗称"大飞",时速90公里以上),打破了原有的实力平衡。为此,各地海关缉私部门开始逐步升级原有缉私工具,重新建立新的技术平衡。

在执法与违法者之间的斗争中,各有优势手段,知此知彼才能做到百战不殆,更好地解决安全问题。如表3-1所示。

表3-1　　　　　　　　违法者、执法者优势对比

违法者能利用的优势	执法者优势
灵活性、机动性	强制力
主动攻击	多数情况下被动防御
普适性技术	能应用高科技,但成本较大
局部攻击	全面预防、整体阶段性打击
权力寻租	反腐倡廉
个体、团伙	资金、规模、人力可临时高度集中
高风险、高收益	相对低风险、低收入
隐蔽、非公开	道德高点、舆论导向

在物联网、云计算、大数据、人工智能等高新技术日益普及的今天，高科技违法行为必然成为今后安全防范的重点领域，比如网络信息漏洞、全自动无人黑电台、人工智能电话骚扰等，大多具有超灵活、全自动、范围广、违法成本低等高技术犯罪属性，这就要求我们的执法机构应快速提升预防、侦破、打击、控制手段的高技术含量。

新时代快速变革的背景下，技术迅猛发展推动了新的安全格局正在形成。由此，违法与执法者之间的新平衡也正在建立。老罪犯们[①]已经或正在被碾压在时代的车轮之下，老一代的执法者们仍在艰难地适应新的安全形势[②]。同时，新生代的违法者与执法者之间的攻守之道正在进行，新一轮的较量中，技术的应用将至关重要！

（曹国辉）

---

① 多指惯犯，不包括激情犯罪。
② 因为有专业的机构提供培训。

第四节　由"杀一救五"命题谈规则的制定

"杀一救五"是个涉及道德判断的传统命题。世界各国都有类似寓言，如佛教的杀盗救商，我国《汉书》记载的"杀一救百"等，下面我们分析一下西方的版本——电车故事与天桥故事。

一、电车故事（非接触型"杀一救五"）

你正站在有轨电车的转轨扳手旁。突然，一辆电车飞驰而来，轨道旁有五名工人正在专心地埋头干活，很明显他们来不及逃离了。这时，你发现，如果你立刻拉动扳手，就可使电车转向另一条轨道，这五人将因而得救。但另一条轨道上也正有一名工人在埋头干活。就在这电光火石之刻，你该拉动扳手吗？

二、天桥故事（主动接触型"杀一救五"）

你正站在铁轨上方的天桥上，此时你身旁站着一个大胖子陌生人。你看到一辆电车飞速驶来，而铁轨前五名工人在埋头干活，来不及避让。现在唯一能救这些工人的方法就是把你旁边的胖子推下去。他硕大的身材足以截停电车，工人将因此获救。在这生死攸关之际，你推还是不推呢？

对于此类二选一的命题，大家辩论焦点当然是救还是不救的问题。但深入探讨下去，以往人们往往把立足点放在什么是正义？正义的行为中能否允许带有功利性质？文化与社会价值观在其中的作用等诸多角度。今天，我想从科学的制定规则（可执行）角度，重新解读下这个命题。至于观点是否正确，还望读者多多指正。

三、我的结论

我的结论是，不该做"杀一救五（百）"的举动。

首先我要阐述两点判断的基本原则。一是生命价值无法量化，其叠加计算非但难以操作，也不具现实意义；二是生命权力不能被以任何非法名义无端剥夺。接下来我就讲一下，为什么我们不该做"杀一救五"的举动？

四、科学的规则首先必须是可执行的规则——简单、易用、可申辩

一般来说，人类社会通过他的代理者——政治制度、宗教、家庭等对个体的活动进行统治，这种统治是通过长时间形成的某类规则来实施的（如法律、文化、政策、风俗、信仰等）。科学的规则，首先必须是可执行的规则，无法落地执行则一切都无从谈起，所谓"没有规矩不成方圆"。

好的规则应该满足三大要素：简单、易用、可申辩。简单，指的是好衡量。易用，指的是好判断、好执行。可申辩，指的是对于特例的弹

性处置，保证规则的公平性。

在"电车"与"天桥"两个故事中，"不该做杀一救五举动"这一规则是唯一具有可执行性，又与两条基本的道德不违背的规则。

从反面来看，如果以施救人数决定行为准则，就要面对制定很复杂以至于无法执行的规则。如具体操作时杀的是谁？救的是谁？杀多少？救多少？怎么杀？怎么救？什么时候杀？什么时候救？什么地点杀？什么地点救？……无穷无尽的问题将导致所制定的规则，根本不具有可操作性。而这么复杂的规则将必然带来严重的社会问题。如权力寻租或整个社会道德滑坡。在遇到危机、进行取舍时，谁将成为被牺牲的少数族群？是少数民族？老人？儿童？残疾人？穷人？……当自身安全难以保证时，任何群体都不会坐以待毙，社会秩序将为错误的规则付出巨大代价。

五、制定重大安全规则——零容忍

当制定涉及重大安全形势的关键性社会规则时，一定要以零容忍（简单、易执行发挥到极致）的心态去制定规则，同时特殊案例可允许事后申诉。如机场安检就不论任何原因严格禁止携带易燃易爆品登机，大型体育赛事对运动员进行严格尿检，即使其服用治病的药物，检测结果不达标也绝不姑息。这时，零容忍带来的高效执行就意味着最大的公平和最广泛的自由。

（曹国辉）

第五节　心理学的安防应用

最近,陪一个朋友去买车,他在几家汽车经销商之间反复进行比较,最终做出了选择。原因很简单,这家公司的车价便宜了3000元,还有一大堆赠品,而且卖车的小姑娘很敬业、努力,反复给他介绍车子的各方面性能。签订合同后,小姑娘开心地跑去盖章,不一会垂头丧气地陪着一位中年主管出来了。原来,她的报价算错了,音响系统的价格不对,赠品也太多了,公司承担不起。主管当着我和朋友的面训了小姑娘一通,重新计算价格,差价大概3000元,主管说:要么合同作废,要么从小姑娘的个人提成中扣这笔钱。我的朋友把我叫到一边商量,他说:"反正价格也跟其他家差不多,又看不惯他们为难一个小姑娘,算了,就选它吧。"于是补钱成交,小姑娘很是开心,一个劲说"谢谢",又送了朋友一对抱枕,朋友也很开心。回到家中,我越想越不对劲,交易时小姑娘和主管演的这场双簧闹剧,摆明了就是一种常见的销售手段。

心理学上讲,人类有很多身不由己的心理定式,这种销售技巧就利用了"互惠""社会认同"和"承诺与一致"三种心理定式,其中又以"承诺与一致"为主,这是指一个人当众选择了一种立场并做出承诺,这就会潜移默化地影响其人产生维持承诺的愿望。承诺意味着选择立场、公开观点，它是预防客户撕毁合同的一种重要心理机制，尤其是书面或仪式形式的承诺，其作用更为巨大，邪教和传销组织就常常利用此点使信徒更易于顺从、接受。

"承诺与一致"，这种心理定式武器在安防市场也会经常遇到。例如，许多政府用户招标时采用低价中标法，但事实上最低价让企业很难有利可图，这时集成商往往会采取先低价中标，把项目拿到手，建设运营过程中再进行各种增项、扩建、增值服务补充。由于用户已经签订合同，一般来说，只要是相对合理的要求，为保持行为的一致性，用户会同意变更或补签新合同。

很多商家都懂得利用承诺来要挟用户更顺从。商家往往会先给用户甜头，诱导用户做出对自己有利的购买决定，而后等决定做好了，交易还没有最终拍板，商家就巧妙地取消了最初的甜头。我的邻居去年买家庭安防系统，咨询了两种家庭安防套装产品，价格和质量性能差不多。在难以取舍之际，一家的业务员说可以赠送一台家用监控摄像机，邻居马上就同意跟他成交了。等到要安装时，业务员提出摄像机没货了，要等很久，改赠一对门磁（基本不值钱）。邻居想了一下，反正白送的东西也不吃亏，就没计较。

心理定式是一种基本无意识的惯性思维，它本身没有正邪之分，既可以作为奸商牟利的工具，也可以用它来改变我们（或用户）的陋习，如研究表明，对最亲近的多个人做出书面承诺去戒烟，将大大提高戒烟的成功率。

这种使用"承诺与一致"心理定式来做正向激励手段也同样适用于安防，如某视频监控指挥中心的大屏等设备很耗电，一般只有上级领导来参观的时候，才会发挥作用，但工作人员大都没有节电意识，常年开机。于是中心主任想出了个好办法。他提出，年底总结会上专门设立"节能环保奖"，以节省电费来表彰节能的员工。意见一经提出，当月效果就很显著，用电量直线下降。后来，据我所知，这位主任不久后就调任其他岗位了。新主任并没有执行这个激励制度，可奇怪的是中心的节电习惯仍然长久地坚持下来了，这是为什么呢？详见图3-1。

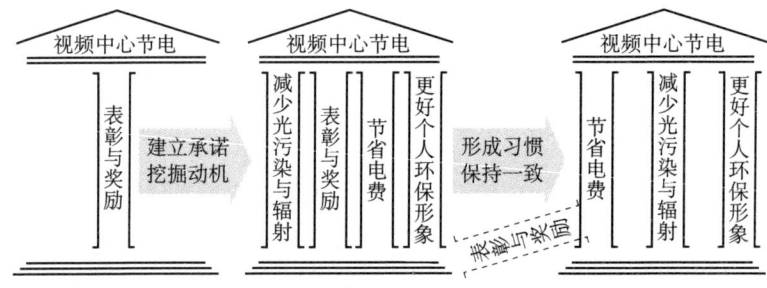

图3-1 "承诺与一致"心理应用于某视频监控指挥中心

可以看出，原主任在中心以表彰为支撑，初步建立了员工的节电习惯（承诺）。后来，在实施节电过程中，员工们逐渐发现了节电带来的其他优点，如减少光污染与辐射、节省费用、树立更好的个人环保形象（挖掘动机）。这样一段时间后，尽管表彰没有兑现，节电习惯依然有了稳固的支撑，所以能长期坚持下来（保持一致）。

在日常生活、工作中，掌握一些心理学常识，有助于我们更清晰、透彻的看清事情的本来面目，如电商展示当月销量及产品评价可能是利用"社会认同"来驱使我们购买、厂家赠品是通过"互惠"来以小博大。

（曹国辉）

第六节 从武器泛滥到恐惧管理

这几天，大嘴的美国总统特朗普又让欧洲盟友发飙了。在美国全国步枪协会演讲时，他以丰富的肢体语言配合夸张的象声词模仿了恐怖分子枪杀巴黎百姓的场景——"砰，下一个，砰，再一个"。接着，特朗普又将一所伦敦医院比作血流成河的"战区"，并微笑着做出了用刀捅伤平民的手势。已退休的英国司法部长在推特上写道："美国谋杀率是英国的5倍以上。世界上从没一个人（除了特朗普）会认为降低谋杀率的方法是让枪支更容易获得"。

没错！特朗普对枪支的狂热支持，已经跨越了多数人的理性红线，他甚至提出让学校老师、学生配枪上课的愚蠢建议。但为什么除了枪支协会等利益团体外，还有那么多广大民众支持他的疯狂言论呢？

心理学有一个理论叫恐惧管理，它揭示了一种特殊的心理现象，即当人们想到难以摆脱的不安全环境时会产生焦虑。为了对抗自己的无力感，人们会寻找让自己觉得安全、安慰的东西。而最廉价、最快捷改善这种焦虑心情的方法是什么呢？当然是做最放松、最方便缓解情绪压力的事情，大多数时候，这恰恰意味着做导致你情绪低落的事情。多么不可思议的矛盾心理，但仔细想想却又在情理之中。

例如，想要戒烟的人，一想到香烟引起的癌症、肺气肿、高血压等疾病，就会产生不安和焦虑，为缓解这种焦虑，最好的办法当然是点支烟放松一下了。想要减肥（吃巧克力缓解压力）、戒除网瘾、减少购物支出的人们，同样会在这种心理陷阱中反复挣扎徘徊。同样道理，当枪支泛滥引发民众强烈不安时，最廉价、快捷的解决手段似乎就是人手一枪了，这不仅能有效缓解我们的不安，还能激发出鱼死网破的斗志①。但接下来呢？让普通民众人手多枪还是人手机枪或炸弹？这是一条不归路。因为这种不计后果的解决方案，只是对恐惧妥协的权宜之计，并不能带来真正的安全，甚至不能缓解接下来的恐惧，这只能使恐惧不断升级。

理性管理恐惧的办法绝不是鲁莽的对抗，而是要从两点入手。一方面，要了解恐惧的事实真相，变无意识的冲动行为，为有意识的决策，三思而后行。只要静心思考，稍具常识的人就会明白，人们不该随意拿起枪去射杀与他们意见不合的人，如果这样我们与恐怖分子何异？② 所以，改变枪支获取的随意性才是正道。另一方面，我们要展望未来，想象未来理性、美好的自己，然后通过行之有效的规划（长期、中期、近期规划），使未来的自己与现在的自己不断接近。对枪支泛滥而言，不断削弱各类武器组织在政治中的影响力才是解决问题的关键。

我认识的一位朋友，她想几年后成为一名瑜伽教练，但现阶段却把大量精力浪费在刷朋友圈、看新闻上，以至于很少时间练习瑜伽。当她

---

① 这里也有美国西部精神的民族性格在起作用。
② 我觉得本质上讲，所谓恐怖主义无非是采取这种激烈的武力对抗形式解决意见分歧的人。

认识到这种危害时，就立志逐步戒除手机网瘾，她甚至把自己的头像放在一个体型优美的瑜伽教练身体上，做成手机桌面图，每天激励自己。一段时间后，她重新掌控了自己的学习与生活节奏。

事实上，恐惧并不可怕。如果没有了恐惧，人们就没法保护自己远离伤害。真正可怕的是不经大脑的冲动决策及野蛮行动（如以暴制暴、先发制人）。要克服恐惧、远离危害、戒除不良嗜好，需要对内接受自我、接受事实，对外了解真相、控制冲动，切实做到谋定而后动。

（曹国辉）

第七节　不要舍本逐末（上）

安防企业跨界发展是其市场影响力和资本运作能力到一定规模时，自然会采取的扩张方式。十几年前，国际上一些大企业进入安防就是这种方式；当今国内一些规模以上安防企业也采用这种方式进入其他领域；也有引入其他领域的新技术或产品，使之在安防领域的应用，在这一过程中以其为载体，融入安防的产品；还有一些企业为了扩展传统的市场，也开展跨界发展。因此，这也是安防企业在面对经济下行和IT化冲击时的必要反应和应对措施。或是企业在"调转"的一个途径。

跨界发展主要通过资本扩展、品牌扩展和技术扩展。

前两种是处于扩张期的企业，为扩大市场占有率而采用的方法，通过收购相关企业或采用ODM、OEM方式获得属于自己品牌的产品。

后者是利用自己技术上的优势，提高其他产品的技术能力、技术水平。可视之为产品或技术应用领域的拓展。虽然在技术上像似跨界发展，但从市场上看是巩固和深挖安防市场。

扩展期的企业进入其他领域，还可将安防产品与其他产品结合形成安防应用，或产生一种新安防产品，或利用安防技术提升原产品的功能、性能，使之具备实用性。

无论什么方式，企业调转时一定要有明确的定位、清楚自己的优势，抓住核心技术、提高竞争力才能有效地扩展应用、开拓市场领域。实现可持续发展。切忌急功近利，舍本逐末；也不能慌不择路、舍近求远，无人机、机器人及"互联网+"等是安防企业关注的方向。一些企业也展示了初步的产品，引起了业界的热议。这里也想具体说一说。

一、无人机

无人机已经广泛地应用于社会、军事、经济、安全及生活的各个领域。特别是在国际反恐领域表现出的卓越战果，尤其引人注目，而且在无人机市场，中国产品也有一席之地。

无人机产品引起安防行业关注是在2015年深圳安博会（中国国际社会公共安全博览会，CPSE），行业龙头企业推出了无人机产品。让人似乎感到又有一片蓝海展现在未来。无人机按应用领域，可分为军用与民用。军用方面，无人机分为侦察机、攻击机、预警机及训练靶机等。民用则主要是特殊作业、科研、遥感等，如航拍、农业植保、测绘等领域的应用，"无人机+行业"应用是无人机真正的刚需，大大地拓展了无人机本身的用途。

2013年11月，中国民用航空局（CAAC）下发了《民用无人驾驶航空器系统驾驶员管理暂行规定》，由中国AOPA协会负责民用无人机的相关管理。根据《规定》，中国内地无人机操作按照机型大小、飞行空域可分为11种情况，其中仅有116千克以上的无人机和4600立方米以上的飞艇在融合空域飞行由民航局管理，其余情况，包括日渐流行的微型航拍飞行器在内的其他飞行，均由行业协会管理或由操作手自行负责。

军用无人机则是有完整数据链、足够续航能力、战斗部等，完成侦察、定位、取证、精确打击的专用装备。

无人机主要发展趋势是：

一是，提高续航时间、载荷能力，这是无人机主体部分的功能。

二是，安全性和可靠性，抗干扰和抗打击能力，适应各种天候和较恶劣的电磁环境。数据链不被干扰、窃取和非法入侵、改变。

三是，隐形化，采用复合材料、雷达吸波材料和低噪声发动机。飞行高度在300米以上时，人耳听不见；在900米以上时，肉眼看不见，雷达发现不了。

四是，真实感知能力、各种数据采集手段，除图像外、红外、微波等探测手段。实现全天候的能力（夜视），成为预警系统中的重要单元。

五是，完整的数据链，不是简单的图像传送，能形成预警和判断能力，对目标的跟踪，精确定位、识别和必要的打击。必要时具有适当的（精确）打击能力。

无人机的实用系统是由飞机平台系统（无人机）、信息采集系统和地面控制系统组成。

无人机在安防领域的应用不多，技术层次也不高。基本上是一个带有载荷的轻型飞行器（固定、旋翼）。主要机型有多旋翼（直升）机、小型固定翼（手抛式）。旋翼式较普遍，载荷主要装载摄像装置或其他传感器，也可配置无线中继设备。实现空中的高分辨率图像的采集，或通信中继功能及窃听、雷达、物质分析等设备。应用于侦察、巡逻搜索、消防救灾、通信中继、预警、应急指挥等场合。安防用无人机不需要战斗部，也很少有其他作业功能。

完备的功能之外，无人机实用的关键是建立完整的数据链，无人机可融入预警、指挥、决策体系，而不是单独作战（业）的装备。

无人机的机械和动力部分不是安防的强项，而数据采集和数据链及遥控技术则是安防的优势，特别是在安防应用时，飞行控制、图像采集/压缩、传输是安防的核心技术。因此，坚持这个优势，安防企业很容易进入无人机领域。安防无人机产品也自然带有鲜明的安防特色。

安防无人机市场有多大，还要观察。虽然看上去很火爆，但主体的市场不太大，不要一窝蜂。根据自身条件，顺势而为、量力而行。目前，一些不规范应用产生的负面影响引起关注，"无人机防范"已成为一个课题，并有产品推出。

二、机器人

机器人（Robot）是自动执行工作的机器装置。它既可以接受人类指挥，可以运行预先编排的程序，又可以根据以人工智能技术制定的原则纲领行动。它的目标是协助或取代人类工作，如制造业、建筑业，或危险工作，是现代制造业的基础。按这个定义，无人机也是一种机器人。科幻小说之中名称成为一个高科技的术语，体现了人们对机器人充满了幻想。机器人定义的模糊，更给了人们充分的想象和创造空间。

它是融合控制论、机械电子、计算机、材料和仿生学的产物。在工业、医学、农业、建筑业甚至军事等领域中均有重要用途。

从技术的角度，机器人可分为以下三个层次：

遥控装置，通过远距离控制（无线、有线）完成各种危险，或无法抵近的作业。

可编程控制，按预设的方案，进行程序编制，通过程序调用，机器完成预设的作业。目前，生产线上的机器人均可通过机器学习来完成各种预设作业的自动编程。

自主动作，设备具有人工智能，可自主地模仿人的智能，做出相应的反应（动作），如自主行走、避障；识别目标，采取相应的反应；语言识别，做出相应的回答等。

可以说，自主动作是机器人的境界。但并不是所有机器人都要有自主动作的功能，机器人的三个层次是适应不同的应用。

机器人在安防领域的应用主要是完成人员不能直接进行的作业和人员不便直接作业的工作。如人员无法到达或隐蔽区域的侦控；危险品的探测和排除等。设备主要有排爆机器人、爬墙机器人、管道机器人等，还有无人机。

排爆机器人应用最为普遍，是反恐防爆部门的基本装备。实质上，它是带有一个机械臂（柔性结构）的遥控小车（轮式、履带），由机器人主体（小车）、数据（图像、数据、控制）传输单元和操控台（操作手柄、显示）组成。小车的行走和机械臂的动作由人通过遥控（无线、有线传输单元）来操作，通常，机器人会装置一台或两台摄像机，图像传送至操控台，操作员观察图像进行机器人动作的操控。排爆机器人的主要功能是抓起危险品或可疑物品，将其放入防爆罐或转移至安全区域；机器人也可装载作业装置，如水炮枪，通过高压水流将目标物摧毁（并不引起爆炸）。

排爆机器人下一步需要解决的问题是：图像系统的智能化，不仅是现场的实时监控，还应具有图像分析功能，进行距离、目标尺寸的测量等；增加感知功能；实现物质探测、分析（燃爆、核辐射、生化）；提高装载能力；配置丰富的作业手段（设备），完成更多的作业（清理、破拆）；实现人工智能，增强机械臂的感知能力，如目标物的轻/重、虚/实、光滑/粗糙等，提高排爆作业的精准性和安全性。

所有这些都要坚持融合安防技术，围绕机器人安防应用的需求和特点。最近有警务机器人和家居服务机器人的概念提出，是否会出现市场需求和相应的新产品，还要拭目以待。

（李仲男）

第八节 不要舍本逐末(下)

"民用安防"曾是业界很流行的说法,也曾被视为行业发展的蓝海,但一直没有找到通向它的路。其实,这个概念很模糊、不确切,也是影响其发展的一个原因。国际上,通常将电子产品分为消费类产品和投资类产品两大类,消费类产品早期主要是指:用于个人和家庭的音/视频产品和电话等;后来,又增加了个人电脑、办公设备、保健设备、汽车电子产品等;近年来,数码相机、手机、iPad 及 VR、AR 产品等也列入其中。关于消费类产品的设计理念和方法、市场应用与营销等方面的研究称之为"消费电子学"。安防产品也应按这一方法分为消费类产品和投资类产品,典型产品是云摄像机、车辆反劫防盗设备和智慧家居终端等。所谓"民用安防产品"其实就是"消费类安防产品"。

消费类产品的基本特征是:需要有公共服务的支持。在产品的出资方式、产品应用方式和物流渠道等方面与投资类产品差别很大。如电视机必须有广播电视的支持;云摄像机需要云监控平台的服务。消费类电子产品主要是通过公共物流系统销售,由个体消费者出资购买的单体产品。消费类产品与投资类产品并没有严格的界限,当公共服务完善后,许多投资类产品也会成为消费类产品,所以说,安防行业通过供给侧结构改革,提供更多的公共产品和服务将会极大地推动消费类产品的发展。

目前,消费类安防产品(市场)是行业关注的新热点。许多安防企业把开发新的消费类产品作为企业转型、升级的重要技术方向;开拓新市场应用的主要途径。可穿戴产品被视为最有前途的产品,"互联网+"是最好的公共服务基础平台。

一、可穿戴设备

顾名思义,可穿戴设备(即直接穿在身上),或可嵌入衣服或配件的一种便携式设备。它不仅是一种硬件设备,还可通过软件支持数据交互,成为云端设备,实现更多的功能,被视为云端产品(如智能手机)的延伸。谷歌眼镜(2012年)是可穿戴设备的开山之作。

可穿戴设备具备一定的计算功能、可连接手机及各类终端设备。产品形态主要包括:手环类(手表和腕带等)、鞋类(鞋、袜或腿上佩戴品)、头饰类(眼镜、头盔、头带等)及服装类(书包、拐杖、服饰等)。

这些围绕人身(体)设计和使用的产品主要是进行人的生理参数(血压、脉搏、体温、呼吸等)和状态(站、卧、静、动等)的感知,适用于人的健康管理。借鉴这个思路,将其嵌入"物"并增加对安全状态(危险品、入侵、环境参数等)的感知,它就成为物联网的基本单元;融合安防感知设备可产生新的安防产品,提高安防系统的智能化水平,比如感知摄像机、智能家居终端等。

目前可穿戴设备还存在一些问题:价格较贵、电池工作持续时间短(需要经常充电)、功能单一、不能独立使用等。而且它的应用还会引起大家的疑虑,如设备将人的健康指数、行为习惯、生活偏好、消费习惯、身份特征等转化为数据，并与相关设备进行交换，会不会造成个人隐私泄露的危险；长时间穿戴会不会受到电磁辐射的伤害等。对于嵌入物的设备，上述问题也存在。例如，电池寿命，设备的可靠性等可嵌入设备的真正实用，还需要关键技术的突破；电池要求小型化，工作时间长，设备在设计上要做到微功耗，以适应长时间、无人管理的工作方式；同时还要探索新的供电方式，如由载体（嵌入的物体）供电。

元器件的质量、性能、尺寸、材料决定产品的功能、性能和可靠性。需要开发微型器件和研制新材料，以提高设备真实感知的能力，特别是适应嵌入化的应用。

微系统（MEMS）设计与芯片的开发，嵌入设备应是功能性的微系统。微系统不但实现对"物"的状态的感知，还具有对环境因素的探测，所以，要求辐射、红外、生化探测和生物特征识别设备的微型化。

数据交互和服务平台，通常，可穿戴设备通过智能手机完成数据交互。嵌入物的设备则要建立新的数据交互方式，并有专用的服务（应用）平台。

总而言之，可穿戴设备可用于警务人员执勤时状态的监控，也可融合新的传感技术，开发安防新产品，成为警用物联网的核心单元，提高安防系统的智能化水平。

二、"互联网+"

"互联网+"进而实现"安防+"，是安防跨界发展的主要途径。它将促进安防与服务的融合、与其他社会管理系统的融合。智慧社区是典型案例。

健康、生活、智慧是智慧社区设计程序中不同环节的要点。

健康是系统的设计目标，体现以人为本的基本原则；生活，是系统的设计内容，要实现健康的目标，必须营造效率、舒适、安全的环境，满足生活的基本需求，提供完善有效的服务；同时，要提倡绿色文明的生活方式，实现人与环境、人与自然的友好和和谐。

智能化是智慧社区设计和建设的必由之路。以人为本就是要坚持人性化的设计。系统设计和功能要符合人的生理、心理特点，满足人的基本需求，特别是注意老者、弱者的需求。要注意系统的友好型、可操作性；同时，要切忌唯技术主义，人是生活的主体、主导，不要过度采用技术，完全自动化的生活是没有"味道"的生活。技术的多少、高低，也不是"智能评价"的唯一标准。

总而言之，智慧社区必须以公共安全为目标，包括财产、健康、生活安全、救助以及其他服务；以互联网为平台，移动互联为补充，实现充分的覆盖，保证系统的开放和可扩展性。云是基本架构，互联网是最好的资源；要融智慧社区、社区安防、智慧家居和家庭服务等为一体，把传统的功能用相应的服务表现出来。

智慧社区最关键的节点是客户端，它将用户需求和服务提供连接起来。手机是大家最容易想到的前端产品，其实安防的很多前端产品是最适合的客户端，比如网络摄像机、门控的控制器、探测传感器等。它们通过融合移动、定位及可穿戴等，实现不接触、真实、快速、智能的感知。然后连接110等社会公共安全网，整合各种公共服务资源，也可整合各种私有资源进入公共管理，以提供及时、完善、有效的服务。

目前，这样的系统很多，如"门禁+养老""监控+家教""监控+看护""安防+养生"等系统方案，技术架构和技术路线基本相同。

需要强调的是，技术当然是重要的因素，但取胜在技术之外。只有在系统的运营、管理、资源整合、价值链建设、利益分配以及投资运作方面有创新者，才能获得成功。

三、不要舍本逐末

"本"者根基也，古以农耕为本，工商为末。今以工商为本，服务为末。此为国家之本、社会之本，在国家、社会发展过程中具有关键的地位，起到纲举目张的作用。如当前发展虚拟经济，强调服务是经济的新增长点，必须坚持实体经济为本。只有实体经济强大了，服务才能够发展，这就是"固本强末"。通过巩固本的力量来实现末之增强、末之扩展。反之则是"舍本逐末或本末倒置"，是不会成功的。

安防企业跨界发展，进入其他领域；或融合其他技术，开发新的安防产品。可理解为安防技术、产品的应用创新。在这一过程中，要坚持自身（技术、市场）的优势和特点，突出安防技术的核心作用。就是要坚持固本强末，坚持安防技术为本，扩展、应用为末。

安防技术优势和特点在于它的"端产品"，是实现真实、透彻的感知（各种信息、管理系统的核心要素）；联结系统与服务对象，实现"互联网+""安防+"的重要节点。通过与其他（无人机、机器人、互联网等）技术的融合，可提高它们的性能和应用水平，并成为新的安防产品和应用，是实现安防跨界发展、华丽转身、实现安防服务增长的正确之路。

（李仲男）

第九节　安全 ≠ 安全感——科学的安全评估与合理的安全投入

安全不等于安全感。日常工作生活中我们提及的"安全",更多是从安全感的角度出发。安全感是一种心理需求,是对身体、心理可能面临危险或风险的主观感受;而安全则更多指的是一种客观存在,是一种静态的现实状况。

事实上,没有绝对的安全。从经济学的角度看,安全是一种取舍。任何安全的获取都需要付出某种代价,如金钱、便利性、可用性、隐私性、其他局部安全性降低等。也就是说,每当我们(用户)做出与安全相关的决定时,都是在取舍。因此,如何取舍——"科学的评估、合理的投入",就成为关键。

一般来说,我们会依据"安全感"或"安全现状"两者之一,为出发点评估安全。两种不同的评判依据往往会导致评估结果差异很大,有时甚至得出相反的结论。

以"安全感"为依据评估安全状况,往往带有过强的主观意愿,评估过程也更容易受到各种势力的影响,所以准确度较低。这又分为三种情况：

第一，非安全专业的个人主观评估安全状况时，所获取外部安全相关信息有限，大部分公共安全资源并不透明（如视频监控图像、电信运营商记录、银行交易数据、犯罪记录等）；且个人往往缺乏安防专业知识，容易做出非理性判断，如害怕坐飞机而选择开车（其实飞机更安全），担心被陌生人绑架、侵犯，而事实上朋友和亲属才更有可能对我们做这些事。

第二，社团组织、大型集团企业往往利用我们追求"安全感"的心理来操纵安全评估结果。如美国虽然频繁发生各类枪击案，但由于全美步枪协会是众多议员、总统的竞选主要赞助者，所以控枪运动举步维艰，武器交易蒸蒸日上，甚至政治家们提出学生买防弹书包、老师配枪上课等荒唐的提案。恐怖组织也是营造"不安全感"的专家，他们最大的能力是放大、传播恐惧，让人们觉得恐怖无处不在，从而在心理、经济等全方位打击目标，这比单一的恐怖行为造成的影响更为巨大、深远。

第三，某些西方国家与媒体合作造势，会进一步利用民众追求"安全感"来操纵安全评估结果，如美伊战争的源头，所谓的大规模杀伤性武器，其实就是双方共同制造的一个巨大的心理攻势（一个完美营销出来的谎言），评估出来的安全结果是可怕的，所以引发战争，武器当然没找到，战后伊拉克却成了废墟。同样，现今热炒的朝核问题，也无疑是美国向日本、韩国（萨德）、台湾地区等销售武器，获取多边贸易利益的话柄，本质上波澜不惊的（和平）亚洲不仅对美国无利可图，还会逐渐降低其各方面的影响力与经济利益。

由以上分析我们可以看出，无论个人、社团、大企业、媒体还是国家，依据"安全感"来评估安全状况，由于掺杂了过多的利益纠葛，评估结果无疑存在很大偏差。有时，组织越大，这种偏差也会越大。

对安全的评估，应立足风险的现实情况，依据科学合理的数据做出判断。安全投入与其他投资行为不同，因为它很难衡量直接收益，所以没办法计算投资回报。但科学的评估会最大化的节省安全受益主体的投入费用。

在具体安全现状评估时，我们首先要分析可能面临安全风险的种类与危害程度，如人身伤害、环境污染、财产损失、生产效率降低等诸多问题。其次，要结合同类风险状况下的犯罪率、损失或伤害程度来判断危险事件的发生概率，然后考虑自身的经济、心理与生理承受能力，确定采用何种防范手段，是技术防范（视频监控/出入口控制/防盗报警/防爆安检等安防系统）、人力防范（报警运营服务/安保服务等）、实体防护（防盗门/锁/柜/墙等）、购买保险（减少财产损失），还是几种防范手段联动使用。在进行科学的安全评估后，最后要对安全投入算一算账。一般来说，安防系统软硬件设备＋服务的安全投入＝发生安全事故锁带来的损失成本×发生概率×投入系统或服务的有效性（百分比）。

安全不等于安全感，两者是站在主观与客观、动态与静态的不同角度看待安全状况。我们需要以安全现状的事实为主要评估依据，以营造安全感为辅助参考，进行科学的评估、合理的投入，才会使我们享有最恰当、舒适的安全体验。

（曹国辉）

第十节 增强现实

增强现实让我们感受到更加美好、丰富、真实的客观世界。它为人们带来神奇、无限的憧憬，也带来许多疑虑，甚至恐惧。为何会带来恐惧呢？增强现实虽然丰富了我们真实的客观世界，但在公安系统和信息技术领域却带来最重要的问题——真假难辨。当以后我们再拿到一段视频或一段声音，很难再分辨它究竟是真实的，还是虚拟制造的，这对公安机关的取证带来很大困难。

增强现实（AR，Augmented Reality），是一种计算机影像技术、实时地计算摄影机图像的位置及角度，再加上相应的图像、视频及3D模型等，在显示屏幕上把虚拟世界（影像）叠加在现实世界情景中，并实现两者协调的互动。

具体地讲，把在现实世界的一定时间、空间内很难体验到的感受（视觉、听觉、触觉），通过技术模拟仿真，再叠加到现实世界中，让我们的感官感知，从而达到超越现实的感官体验。所以又称为"混合现实"（即通过计算机技术），将虚拟的信息复合到真实世界，真实的环境和虚拟的物体实时地叠加到同一个画面或空间，是人工智能应用的分支。

将计算机生成的图形叠加到真实世界中的技术已存在30多年了，但一直局限在2D环境下。增强现实技术通过将人的视、听、嗅、触觉感受融入，进一步模糊了真实世界与计算机所生成的虚拟世界之间的界线。

增强现实将真正改变我们观察世界的方式，通过增强现实显示器（如Google眼镜），出现在视野中的情景与现实世界是不同的，但这种不同区别于虚拟现实。虚拟现实看到的场景和人物全是假的，是把你的意识带入一个虚拟的世界；而增强现实看到的场景和人物一部分是真的，一部分是假的，是把虚拟的信息带入到现实世界中。

增强现实的基本技术是一种将真实世界信息和虚拟世界信息"无缝集成"的新技术，不仅展现真实世界的信息，还同时显示虚拟的信息，两种信息相互补充、叠加。真实世界的信息采集是通过传统的传感设备（如摄像机等），而除真实信息外，还有利用计算机制作的虚拟信息，以各种多媒体的形式，如图像、声音、3D模型、其他场景的真实信息等，将两者进行信息融合，产生的结果即为增强现实技术。AR系统具有三个突出的特点：一是真实世界和虚拟的信息集成；二是具有实时交互性；三是在三维尺度空间中增添、定位虚拟物体。AR技术可广泛应用于多个领域，其完整地应用系统是由一组紧密联结、实时工作的硬件部件与相关的软件系统组成。常用的有以下三种组成形式：

一种是基于显示器方式（Monitor–Based）。它是AR最基本的工作方式，其过程形象完整地展示了AR的全部工作原理。具体来讲是将摄像机摄取的真实世界图像输入到计算机中，由计算机图形系统产生虚拟景物的图像、图形或表现人各感官的感受，计算机再进行相互位置、角度的计算，将它们合成统一的场景。再输出到屏幕显示器，让用户看到最终的增强场景图像。这套系统特点是制作组成较简单，但不能带给用户沉浸感。如何才能获得身临其境的感觉呢？就要通过下面两种方式。

一种是光学透视式，又称头盔式显示器（HMD）方式。顾名思义，这种方式需要体验者佩戴头盔，而头盔的功能：一是显示增强现实的图像，其二是计算图像的方位、角度以及佩戴者可能的运动方向、角度和位置从而对虚拟图像进行叠加。另一种是视频透视式。视频透视式增强现实系统基于视频合成技术，采用的 HMD，现实（摄像机）图像与计算机产生的虚拟信息在头盔上显示给体验者。

那么，增强现实到底有哪些应用呢？

AR 技术与 VR 技术有相类似的应用领域，但 AR 具有比 VR 技术更加明显的优势，效果也更加真实。

在医疗领域，医生可以利用增强现实技术，轻易地进行手术部位的精确定位，作为很有效的手段来提高医疗技术和医疗效果。

在军事领域，利用增强现实技术主要是进行方位的识别，获得实时所在地点的地理数据等重要军事数据。

对古迹复原、遗产保护具有重要作用。增强现实提供文化古迹信息给参观者，不仅有文字解说，还能看到遗址残缺部分的虚拟重构。

在广播电视领域应用亦很广泛，它是虚拟演播室（兰仓）的核心技术；在实况转播时，它将辅助信息叠加到画面中，使得观众可以得到更多、更全面的信息。

当下许多网络视频，采用增强现实和人脸跟踪技术，视频对话的同时、在通话者面部叠加一些虚拟物体，提高趣味性。

在娱乐、游戏领域，它可以让位于全球不同地点的玩家，共同进入一个真实的自然场景，以虚拟替身的形式，进行网络对战。

大众比较关心的市政建设规划领域，将规划效果叠加到真实场景中，以直接获得规划的效果。

鸟巢和水立方，哪个位置又增加一个滑冰馆，它就出来了，这个鸟巢和这个水立方是真实的，转到一定角度，你看又出来一个，就有点儿像现在北京凤凰中心这么一个结构，大脑一样，一条一条的，那样一个巨大滑冰馆，这就叫作市政规划。以后我们想拆这段房子，我们先把这个街道现实取进来，看哪个拆掉，完了盖了什么，加进去以后非常真实的一个效果就出来，那么除了市政建设以外，我们还有一些产品的设计，实现三维协同的设计，把三维模型、二维设计、设计图纸都把它紧密地结合起来，大家知道设计和设计图纸现在都是二维的，就是平面的，咱们国家现在已经开始有三维制造了，三维制造，没法画三维的图纸，图纸不能画三维，那么可以用三维的软件去指导三维的制造，这就是设计领域，AR技术在设计领域可以更有效地进行实施方案的比较，这个方式有一个好处，设计完以后马上就可以进行比较，比如设计这么一个方案，把这个东西拆了一块，给它加个别的东西，看看那效果，不合适再改一个，马上就做了，把设计元素的编辑、空间信息的整合、辅助决策等，很好地融合在一起，实现非常有效的一种真实的辅助设计、辅助计算、辅助加工的手段。

辅助设计是画图，辅助加工是把它接上数控机床或是其他设备也好，比如3D打印机，前面讲的是在其他领域里头增强现实技术的一种应用，大家关心的增强现实在安防领域的应用，有很多的方面，会给现在的安防带来很大的改变。

（李仲男）

第十一节　神经营销学的崛起

最近几条科技新闻让我印象格外深刻。从去年美国成立"反科技成瘾联盟"到 facebook 公开重金招聘神经营销学专家，再到今日谷歌公司欲采取重大措施遏制"科技上瘾"。这几条前后貌似毫无瓜葛的新闻，却让我觉得有种遮遮掩掩而又呼之欲出的阴谋味道。

一直以来，跨国公司都在同时扮演着利用最新神经学技术刺激消费、引人上瘾，和占领社会道德制高点，帮助遏制网瘾的双重角色。要了解这一切，让我们从笔者挖掘到的原点出发……

1953 年两名年轻的科学家詹姆斯·奥尔兹和彼得·米尔纳把一个电极植入小白鼠脑中反复电击它。他们意外地发现了小白鼠大脑中的"奖励系统"。为了获取电击快感，小白鼠甚至可以每 5 秒电击自己一下，直到力竭而死。

没过多久，人类大脑中的"奖励系统"就被发现了，这个系统通过分泌多巴胺控制我们的行动（注意是行动过程而非快乐的结果）。任何我们觉得会让自己高兴的东西都会刺激这个"奖励系统"，从令人垂涎的美食、超市打折的牌子、性感的大腿，到迷人的微笑、让你一夜暴富的彩票广告……当多巴胺完全控制了你的注意力时，大脑只会想到——

赶快行动吧！

现代科技+深度挖掘大脑中的奖励系统，让我们成了多巴胺的奴隶。还记得回复传呼时的快乐吗？不过已经换成了收发邮件、回复短信、刷新闻、刷朋友圈，自我刺激是会不断升级的。而手机、电脑、互联网、社交媒体，正在有意无意中激活我们大脑中的奖励系统。这也是"手机游戏"很难戒除的主要原因，甚至有个二十几岁的健康年轻人可以不吃不睡，一直玩到心力衰竭而死，这不禁让我们想起实验中死去的小白鼠。

事实上，正是大脑奖励系统运作机制的发现，催生了一门新兴的学科——神经营销学。早期该学科只是通过神经学知识与技术，如脑电波扫描、核磁共振成像等，来研究消费者对产品、品牌、价格的想法和偏好，从而指导企业广告宣传、营销手段、产品定价、包装设计、货架摆放等。但随着物联网、大数据、云计算等基础技术日渐应用普及，诸如目光追踪、生物特征识别、图像智能分析等实用型技术快速产品化、市场化，神经营销学已经悄然崛起！

你知道是谁在应用最前沿的神经营销学吗？当然是想从你身上赚钱的人。超市设计得让我们更有购买欲；彩票广告则鼓励你去想象富裕的未来生活；电商包装出特定的日子统一打折；电影院门口飘着美味的爆米花香。其实，快餐店的薯条和汉堡气息、赌场的海洋气息、电影院的爆米花香，甚至有可能并非真正的食物气息，而是人工合成的化学香精，这门手艺叫气味营销学，是神经营销学的分支。

通常，大脑中的奖励系统会派出他的小弟——多巴胺，而多巴胺是最有效的执行者（强力促进作用）。他能轻而易举地诱惑我们去买甜点、透支信用卡、刷朋友圈。多巴胺的有效执行力是通过两大武器实现的，即"胡萝卜+大棒"。胡萝卜鼓励你赶快采取行动满足欲望，大棒则对你施加更大压力，让你不达成目的就会产生焦虑，我们在青少年的网瘾中很容易发现它们的影子。

神经营销学的应用无处不在，只是比较隐蔽，我们不易发现而已。可口可乐、福克斯、宝洁、迪士尼、谷歌、脸书、奔驰、微软……还有很多国内大企业，都在运用此一学科的前沿技术。

水能载舟亦能覆舟。这一技术运用得好，确实可以使企业更好地提高产品质量、销售渠道、降低价格、服务消费者。但运用得不好（现在看来这种情况似乎更常见），如刺激青少年形成网瘾、激发赌博热情、鼓励疯狂透支购物等，就成了典型的糖衣炮弹。

聪明的消费者要想识破不利的营销陷阱，需要日常细心观察商家是如何实施刺激消费手段的，并不时问一问自己，是不是从消费行为中得到了真正的满足感（因为多巴胺的作用只是负责行动，并不能确保你最终得到快乐与满足）。

（曹国辉）

第十二节　电信诈骗、电话骚扰到底能不能治
——深挖根源与解决之道

移动互联技术的快速发展与应用普及使我们越发离不开智能手机，而无穷无尽的电话骚扰、电信诈骗、垃圾短信却让我们不胜其烦。

损失：据360（奇虎360）统计，每年从事专业网络诈骗的人员达160万人，造成直接经济损失每年高达1100多亿元，这还只是直接成本，如果再加上专项治理的费用、安全产品与服务的成本、受害者的时间成本损失，估计这个数字还要翻上几番。除此之外，电话骚扰、垃圾短信造成的隐性损失或许更为巨大。重要的是，所有这些让我们的生活幸福感一落千丈。

治理：近几年，政府意识到电话骚扰、电信诈骗的严重危害，展开了一系列治理行动，但结果并不理想，"道高一尺，魔高一丈"啊！当前的骚扰与诈骗电话行为愈演愈烈，相信每人每天都会接到几个、十几个骚扰电话。

表面原因：遭到骚扰、受到诈骗，我们当然超级不爽，于是大家开始分析原因。怨技术，高科技丰富了骗子的手段，令我们防不胜防；怨公安，打击力度不够；怨百姓，防范意识太差；怨政府，抓住罪犯后处

理太轻，骗子是高回报、低风险；怨运营商，技术监测反应不及时，有监管漏洞。

评价：平心而论，大家找到的原因都有道理，但这些不是关键问题。技术、意识、防范手段固然重要，却只是辅助手段，解决不了主要问题。我认为，想要很好地解决电信诈骗等问题需要追本溯源。这首先是一个经济问题、损失追责问题，其次是一个制度问题、跨部门协同才能解决的问题，只有认识到此两点，才能迈到正确解决问题的大路上。

一、解决之道第一步：责任界定

想要从根源上解决电信诈骗、电话骚扰，我认为，需要分三步走。

解决问题的第一步是责任界定，确定责任风险主体。出现电信诈骗的原因有三个，第一是监管不力。电信运营商、互联网运营商、银行等监管机构的不作为是电话骚扰与电信诈骗的主因，如不记名电话号码的流通、网络虚拟电话、电话转接一号通、400、个人在银行批量开户、代理开卡等，这些都曾是运营商或银行热推的业务。运营商与银行为犯罪分子大开绿灯的原因也很简单——不用承担责任，同时还能享有这些不法行为带来的红利（流量、存款等）。

第二是执法不力。这其实并不是公安部门的过错。由于我们的政府运作机制继承于计划经济的条块分割机制（各自管理，缺乏联动），而电信诈骗、电话骚扰案件往往涉及多个部门，公安仅仅是执法机构，与金融部门、通信企业、工商财税等部门配合取证难度很大。

第三是信息泄露，这既可能是消费者无意识的泄露，如微信朋友圈、QQ群、微博等，也可能是不法企业或个人，卖用户信息以谋利，或是通过传播病毒抓取消费者个人信息。对于信息泄露我们只能通过加强个人防范意识和加大力度打击不法分子来解决。

责任界定就是根据案件类别与性质厘清责任，谁的责任谁来承担。如果责任不清晰，那我们永远只是应急的抓捕队，被山一样的大量案件掩埋，无法从本源上预防问题出现。事实上，解决安全问题应该打防控一体化联动实施，但预防的重要性往往大于控制。

二、解决之道第二步：为责任买单

解决问题的第二步是要为自己责任范围内的事故损失（案件/投诉）买单。以往电信诈骗、电话骚扰造成的损失由百姓和政府100%买单，而政府的钱又来自百姓的税收。也就是说犯罪分子违法，受害者和潜在受害者买单，我想这也应该是犯罪行为屡禁不止的主要原因之一。如果电信运营商、互联网运营商、银行不用背负安全责任风险、承担责任损失，反而有利可图，那怎么可能让他们去积极的改变呢？这也许就是标注了上万次的骚扰电话仍能正常骚扰他人的原因吧，当然运营商可以用一句没有执法权来搪塞，但它绝不会去积极的找执法部门协同解决问题，除非让它承担本该属于它的责任，并把造成的责任损失量化成具体的大额罚单。

三、解决之道第三步：联动打击、联合执法

解决问题的第三步是，上到各部委联合授权，下到地方政府形成专项治理机制，政府"一把手"牵头，相关各部门联动处置、统一调度、联合执法。恶性事件刑事处理后，责任落实到位，奖惩明确，就一定能

铲除电信诈骗、电话骚扰这种社会毒瘤。比如广东省茂名市开展专项治理期间，采取联动机制，有效降低99%电话骚扰与电信诈骗。所以，不是不能解决问题，而是要把这种联动解决机制长期、稳定的坚持下去。

"冰冻三尺，非一日之寒。"我提出的观点与方法不一定是别人想不到的，但具体执行起来，需要进行制度性的创新与突破啊！

（曹国辉）

---

① 在国外，以前也有严重的电话骚扰问题，消费者可以通过法律途径让运营商承担起应有的责任，几次巨额罚款过后，现状大为改观。

② 事实上，运营商和银行也并非没有改善，电话和银行卡的实名制、延迟到账等措施确实有助于改善现状。

第四章 走入智慧城市

第一节 艰难中前行——城镇化与社会诸多问题研究

改革开放四十年,中国进入快速城市化进程,由早期的就地城镇化到沿海带动内地全面城市化,再到中小城镇化与区域城市群并重发展,走智慧城市建设与运营的新型城镇化道路。可以说,正是每年1.3%的城镇化速度带动了中国三大产业间转移与均衡发展,城镇化是中国经济腾飞的主要推手之一。

但超快速的城镇化发展,也同时带来了巨大的压力,造成城镇化与社会结构、生态环境、资源承载力等诸多要素不匹配的现实问题。时至今日,中国城镇化发展遇到土地和空间发展受限、资源不足、能源短缺、污染严重、劳动力结构失衡、资金与就业不易持续、贫富差距加大、公共服务与社会保障缺乏等结构性问题。了解这些问题才能深化体制改革,持续走好新型城镇化之路。

一、城镇化改变社会结构

改革开放前,我国是传统的城市、农村二元结构社会形态,城乡间在居民就业、社会保障、政府财政投入等诸多方面有巨大差异。快速城市化打破了传统的二元化社会结构，农村居民以外出务工等方式大量涌入城市。但在这一过程中，由于户籍管理、教育程度不同、政府财政收入分配差异等因素限制，城乡居民在福利、收入等方面仍维持现状，这就在城市内形成了新的二元化结构。农民工群体在社会保障、公共服务、卫生安全、子女教育、收入待遇等方面并未真正实现"人"的城镇化。统计数据显示，我国仍有4亿城镇间流动人口未能实现"人"的城镇化。

这种现状，在近些年我国人口结构发生变化后，显得更为突出。第一、第二代农民工群体在年龄结构上已经趋于老化，劳动力成本日益上升，实际务工技能已经落后于时代，生产效率也大幅下降，大都面临回原籍务农。而新一代的农民工群体人口数量不足，劳动力成本迅速上升，从而形成农村极弱，城市人口红利下降的整体格局。

二、城镇化改善生态环境

在早期城镇化过程中，由于土地财政和片面追求GDP增长，城镇化在可持续发展、低碳体系建设、清洁能源使用等方面思考不足。从而造成土地、水资源和空气环境的污染，甚至部分侵占了耕地红线。城市生态环境方面产生了多色效应：红色的城市热岛效应、绿色的水华效应、灰色的雾霾效应、黄色的交通拥堵效应、白色的采石斑秃效应、杂色的垃圾污染效应……

许多城市在规划初期就采取了先建设再绿化的模式，以城市生态广场代替整体的生态规划，表面上看为市民提供了休闲、娱乐的生态空间。但在实质上，这种做法无法构建出完整的城市生态，只是以景观代替生态、以小环境代替整体布局，容易造成城市生态系统失衡，如西安水资源与湿地的消失、北京生态系统紊乱等。

三、快速城镇化与资源承载力不匹配

由于经济基础薄弱，早期城镇化只能采取高耗能的粗放建设模式。这种模式虽然带来了经济的快速发展，但日积月累也形成了诸多城市病，如交通阻塞、能源短缺、水资源短缺、城市管理与配套服务不足等。

尤其是20世纪90年代以后，土地模式带动下的城镇化发展，城市化与工业化出现严重脱节，房地产一业独大，不仅形成了较大的地方政府城市债务，还导致了部分地区城市空心化严重。

四、城镇化与经济增长

快速城镇化带动了基础设施建设与公共服务提升，由此扩大了内需。每年1.3%的城市化率，将吸纳1800万农村人口进城，浙江带来1.3万亿元的基建投资，并形成多行业领域的经济拉动。城市人均消费水平高于农村居民3~5倍，这又会形成1300亿元的消费内需市场。城镇化还促进了中等收入人群的增大，近年来实行的产城融合、三化合一政策，亦将带动制造业转型和高端服务业的兴起。

由于近四五年城镇化与土地财政逐步脱钩，导致城市建设资金不足，资金短缺就意味着单位面积投资强度不足，这回使城市建设密度相对较低，削弱城市竞争力，不仅有城市空心化的危险，也不利于人才引进和生态环境保护。

五、城镇化与土地改革

我国城镇化成功的原动力是土地改革,但在发展过程中出现土地城镇化远大于人口城镇化的问题,部分城市甚至有"要地(土地指标)不要人"的现象。同时,现有土地收入具有不合理性、垄断性,伴随着土地与财政逐步脱钩,这种现象正在日益改善。

另外,早期城镇化粗放型发展,土地开发的强度与密度不够,土地利用率较低。我国大中城市人均用地面积 120 平方米,相比之下日本东京是 78 平方米,中国香港仅为 37 平方米,可见土地使用并不科学。

由上面分析可以看出,中国城镇化进程正在艰难中前行。可喜的是,我们根据当前发展阶段,毅然提出摆脱土地财政的决策,并与时俱进的提出走新型城镇化和智慧城市发展之路。可预见,未来的城镇化将从建设向运营转型,并充分利用民间资本(如 PPP),是三化融合、实业兴邦、可持续发展、惠及民生的城镇化。

(曹国辉)

第二节　PPP[①]的前世、今生和未来(之前世篇)

《三世因果经》写道:"若问前世因,今生受者是。若问后世果,今生做者是。"丁立梅曾说:"我们都是从从前走过来,慢慢地,又成为从前。"

两对社会矛盾的博弈(中央集权与地方政府分权,国企垄断与民营市场化)决定了自古至今的中国经济形态和改革模式,建国之后这种博弈又出现了几次,直至上一轮经济体制改革形成土地财政,一方面带来了高速的城镇化发展,但后期也形成了20多万亿的政府债务和房地产一业独大、新城镇空心化的产业经济格局。为解决这些遗留问题,2014年国家财政部、发改委牵头,多部委和地方政府协作,大力推广普及PPP建设运营模式,涉及项目金额以数十万亿计……

[①] PPP(Public—Private Partnership),又称PPP模式,即政府和社会资本合作,是公共基础设施中的一种项目运作模式。在该模式下,鼓励私营企业、民营资本与政府进行合作,参与公共基础设施的建设。在公共服务领域,政府采取竞争性方式选择具有投资、运营管理能力的社会资本,双方按照平等协商原则订立合同,由社会资本提供公共服务,政府依据公共服务绩效评价结果向社会资本支付对价。PPP是以市场竞争的方式提供服务,主要集中在公共领域。PPP不仅是一种融资手段,而且是一次体制机制变革,涉及行政体制改革、财政体制改革、投融资体制改革。

两对社会矛盾的博弈（中央集权与地方政府分权，国企垄断与民营市场化）决定了自古至今的中国经济形态和改革模式。自春秋时期管仲提出四民分业，将士、农、工、商四个阶层分立后，社会的职业分工开始细化。在此基础上，管仲针对周王朝原始的市场经济，进行中央集权、国有垄断的改造，他具体的做法是"盐铁专卖""国有民营"。

所谓"专卖"不是对人头征税，而是对商品价格的强制调整，由此带来的利益更大，且不易激起民变。比如人口100万的小国，如果按人头征盐税，缴税者可能10万人，每人每月征50钱，则为500万钱，而如果进行盐的专卖，每升盐定价稍涨，则每月轻松可征到800万钱。这样做，政府似乎并未对人征税，百姓意见不大，政府收益增加，可谓两全其美。同时，盐还可以通过出口获取厚利，齐国煮海卖盐，等于向天下诸国一起收税（诸侯国多为内陆少盐国家）。

所谓"国有民营"，即国家对资源垄断、对定价权垄断，在此前提下，开放行业，鼓励民间商家（社会资本）自主经营，其获取之利，民商取七，政府得三。在管仲的改革诸措施之下，齐国日盛，遂成春秋五霸之首。

笔者认为，2600多年前管仲面临的社会背景，采取的改革策略，与当今PPP模式推出有颇多类似之处。若以"专卖"对应"特许经营权"，以"国有民营"对应"基础设施和公共服务领域欢迎社会资本投资建设与运营"，可以看出，或许管仲是全球最早的"原始PPP"创意者、应用者和受益者。

管仲之后，中国的2000多年经济发展史始终贯穿着"中央集权与地方分权、国企垄断与开放民营进行博弈"这一主线，一直到了推翻帝制结束封建王朝。在国民党时期，国家属于中央弱势、地方强势（军阀割据)、民企弱势、国企强势(指四大家族企业),改革每每失败,腐败深入骨髓。新中国成立初期,国力较弱,更需要社会多方实力支持,这时中央与地方、国企与民企有过一段短暂的均衡发展期(详见图4-1)。经济由此获得了休养生息的机会,并在第一个五年计划期间取得了较快增长。从"大跃进"开始到"文革"结束,中国转而进入了中央极强、地方极弱,国企极强、民企极弱的严重不平衡时期,政治形态压倒了经济发展,由此经历了断崖式的经济下跌,国力大失。详见图4-2、图4-3。

图4-1　新中国成立前　　图4-2　新中国成立初期　　图4-3　从"大跃进"
　　　　(国民党时期)　　　　　　(1949—1957年)　　　　　　到"文革"期间

1979年,改革开放开始了,笔者认为理解改革开放还是可以按照上面提及的两对矛盾来辩证分析。为打破中央与地方、国企与民企的发展严重不均衡,改革采取了如下两大战略:一是重视地方发展,抑制中央集权,由此带动区域经济发展,如东南沿海地区和三大区域城市群发展(长三角/珠三角/京津冀),具体做法是:通过试点改革成功后全国推广(如农村联产承包责任制、深圳经济特区等)。二是重视民企发展,抑制国企扩张,由此激活了市场,提升了企业效率,尤其是乡镇企业和三产类企业得到了快速成长,并通过承包制使一部分人先富了起来(如图4-4所示)。

这种情况一直持续到90年代中期,其结果是一方面国家GDP发展

- 区域经济发展，沿海带动内地、试点改革、非均衡（抵制中央、发展地方）。
- 搅活市场、加强效率、国企改制与下岗，一部分人先富（抑国企、发展民企）。

图4-4　改革开放前期思路（20世纪80、90年代）

迅猛，但另一方面，造成了中央政府财政紧张（钱都支持地方发展了），套用一句现在的话就是"没法集中力量做大事"，难以发挥国家整体综合优势；同时，国企疲软，民企混乱，这些民企数量众多，但规模较小，乡镇企业居多，管理不足，缺少资金与技术支持，创新更是无从谈起，因此经济逐步走入发展瓶颈（如图4-5所示）。

- 中央没钱、财政紧张，没法集中力量做大事。
- 国企减少，民企混乱、层次不高、管理低下、创新不足。

图4-5　结果（20世纪90年代中期）

基于此，1992年国家开始实行分税制和新一轮的国企改革，财政逐步开始集中到中央政府，而2008年金融危机后的4万亿元投入（以及各地方配套的更多投入），推动了国企的加速发展，使数量虽少的国企集中于产业链源头，形成一定意义上的垄断。与此同时，民企发展却日益举步维艰，高融资成本（银行不愿贷款中小企业）、高税收成本、高人力成本（新劳动法）、高土地成本（土地财政导致），四座大山压得民企抬不起头来（见图4-6、图4-7）。

- 1992年后分税制改革，财政集中于中央。
- 2008年后4万亿元及配套，国企数量虽少但集中于产业链源头，形成垄断，但无法满足就业压力，民企融资难，成本高发展受限。

图4-6　改革开放后期思路（20世纪90年代后期至今）　图4-7　结果（当今）

正是由于1992年分税制施行后，地方政府不再有钱（国税拿了大头）进行城市建设和公共服务改善了，但政府的 GDP 考核压力和百姓对生活质量提高的追求仍在，为缓解这个矛盾，国家给出了一个权宜之计，就是发展地方土地财政，以土地出让金补充地方政府财政不足，并据此进行城市建设和公共服务投入（见图 4-8）。

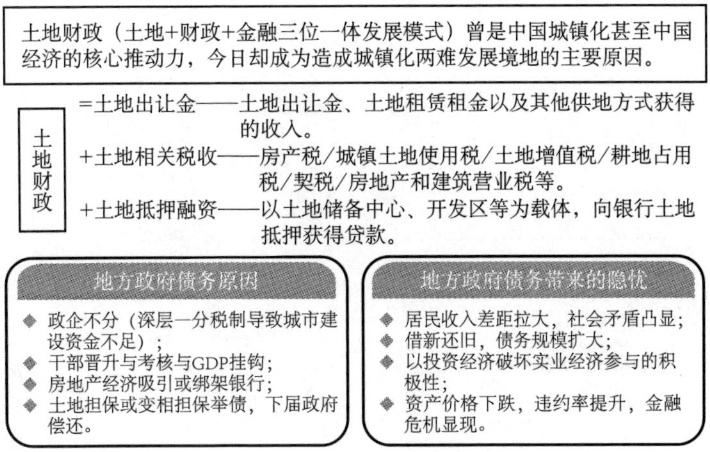

土地财政（土地+财政+金融三位一体发展模式）曾是中国城镇化甚至中国经济的核心推动力，今日却成为造成城镇化两难发展境地的主要原因。

土地财政
=土地出让金——土地出让金、土地租赁租金以及其他供地方式获得的收入。
+土地相关税收——房产税/城镇土地使用税/土地增值税/耕地占用税/契税/房地产和建筑营业税等。
+土地抵押融资——以土地储备中心、开发区等为载体，向银行土地抵押获得贷款。

地方政府债务原因
◆ 政企不分（深层—分税制导致城市建设资金不足）；
◆ 干部晋升与考核与GDP挂钩；
◆ 房地产经济吸引或绑架银行；
◆ 土地担保或变相担保举债，下届政府偿还。

地方政府债务带来的隐忧
◆ 居民收入差距拉大，社会矛盾凸显；
◆ 借新还旧，债务规模扩大；
◆ 以投资经济破坏实业经济参与的积极性；
◆ 资产价格下跌，违约率提升，金融危机显现。

图 4-8 地方政府负债情况

地方政府迅速抓住了土地财政这棵"摇钱树"，采用各种方式变现。到后期，大部分城市建设项目及公共服务支出都演变为"地方政府+当地融资平台公司（卖地）+银行（当地财政担保）+建设方"的模式，为规避国家政策，打擦边球，部分建设方甚至出现只取投资收益不做建设（盈利太少太慢分包出去）的假 BT 模式。这种现象在 2008 年金融危机国家投入 4 万亿元后，被地方政府迅速放大，于是迅速产生了 20 多万亿元的地方政府债务，并导致房地产一业独大，挤压其他行业生产积极性，延缓了各产业转型的最佳时机，同时侵占了大量耕地，形成楼市泡沫。这种单纯的土地炒作式建设所形成的虚假繁荣致使城市化与工业化、信息化严重脱节，随之出现大量空城、鬼城和闲置的产业新城、科技园区（多在欠发达的三、四线城市周边）（见图 4-9）。

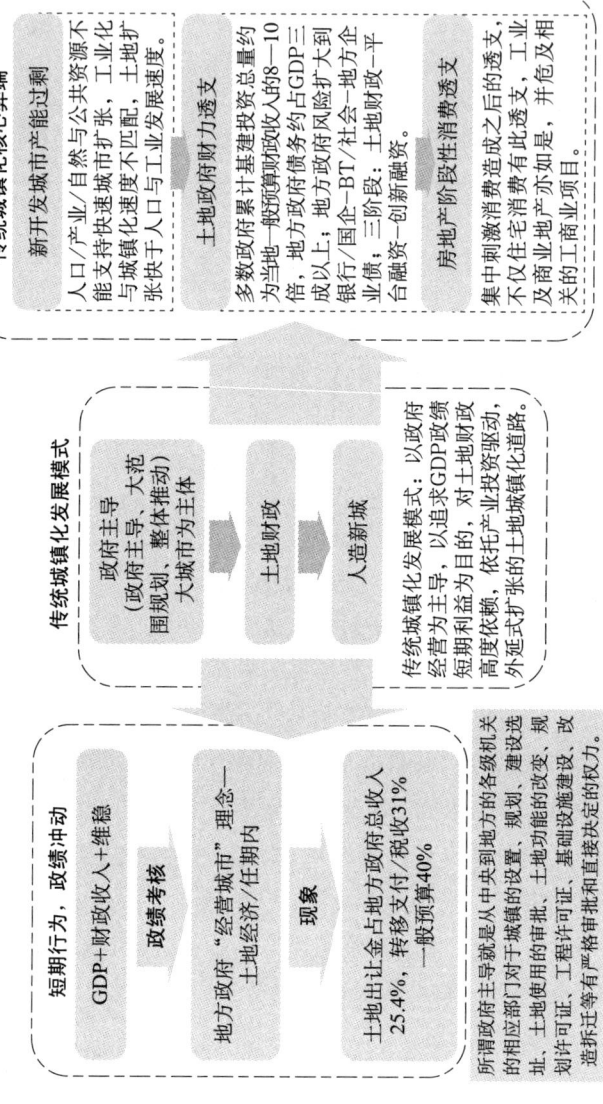

图4-9 传统城镇化发展模式思考

第四章 走入智慧城市

巨大的城投债增加了国家金融业出现系统性风险的可能性。为防患于未然，国家开始严控地方政府债务，裁撤地方融资平台，规范地方政府举债，化解财政风险。国务院出台法规指出政府融资平台不再承担后续融资功能，银行与政府融资平台生态圈骤然打破。

党的十八大以后，中央政府进行了一系列改革措施，包括税务改革、简政放权、政府职能转化、激发地方活力、民企减负、"互联网+"……我们有理由相信，今后一段时间中央与地方、国企与民企的发展将迈向新一轮更高层次的均衡（详见图4－10、图4－11）。

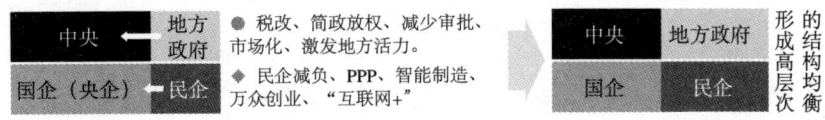

图4－10　预测未来改革思路　　图4－11　未来改革理想结果

PPP模式的应用正是在此大背景之下开展的。从宏观上讲，一方面，PPP的推出可视为公共部门重组的一部分，是广义上政府职能转变的手段之一。在这个过程中，政府从直接的公共服务生产者转变为推动者、监督者。另一方面，PPP又是混合所有制经济的重要表现形式，政府与企业合作，均为股东，摆脱了过去纯粹的政企雇佣关系。

从微观层面看，PPP的推出是为了解决地方政府债务（政府债务市场化后转变为企业债务，引入社会资本解决），解决城市基础设施、公用事业、公共服务领域发展的资金瓶颈。

同时，PPP的推出也促进了金融领域改革，解决金融与实体经济脱节的问题，并通过创新产品与技术（大数据、物联网、云计算等）、创新服务模式（共享经济、"互联网+"），将虚拟经济与实体经济紧密地结合在一起。

2014年,财政部成立PPP领导小组,并公布了30个PPP示范项目,同年出台了《关于政府和社会资本合作模式有关问题的通知》。至此,由财政部、国家发展改革委牵头,多部委和地方政府积极响应的PPP模式得到大力推广和迅速普及,其涉及金额以数十万亿计……

(曹国辉)

第三节 世界变了

世界正在发生广泛而深刻的变化。一系列所谓黑天鹅事件（英国脱欧、特朗普当选等）其实是一种新思潮的体现，"本国利益优先"成为基本政策取向和核心价值观。所以，这些改变都是通过"最民主的方式"（选举、公投）实现的。

这些改变将对世界的政治伦理、经济格局和贸易规则产生重大的影响。"特朗普上台""英国脱欧"对全球经济和贸易的影响最大。其实他们并不是反对和要改变全球化和多边贸易原则，而是强调本国利益在这些过程中的最大化。全球化和自由贸易是资本（帝国）主义发展的产物，实现了全球范围的资源（能源、原料、土地、劳动力、资本、市场及知识、信息等）配置。在这个过程中，发达资本主义国家一直占据主导地位，制定规则并获得了巨大的利益；而他们现在感到发展中国家似乎获得了更多的好处，于是在多边关系中，不再愿意大家平起平坐，共享（分享）利益。而是要"一对一"地突出自己的优势，获得最大的利益。就是说，美国要保持世界老大的地位；英国不愿意与欧洲的小国们混在一起。

由美英带头的改变，必然会把中国当成靶标。他们觉得，中国是获得利益或夺走他们的利益最多的，可以与他们平起平坐的主要国家。同时，希望争当地区老大的国家（日本、印度等）也把它看成是遏制中国的机会。因此，今后我国经济发展的（国际）环境会有很大的变化。

专家预测，未来中美、中欧、中日之间极有可能出现不同程度的贸易摩擦，即有限范围的"贸易战"。特朗普自竞选开始便宣称要对中国贸易"倾销"开刀，其负责制定贸易政策的内阁幕僚也大多被视为对华强硬派人士。上台后，他不太可能不把中国作为靶子打一下；欧洲、日本也都不承认中国是市场国家。贸易战的范围、方式等具体策略还不清楚，但限制和孤立中国的意向已很明确。

美国国会刚刚通过的 TPP，特朗普上台立刻用行政法令将其废除；英国脱欧后，可能会出现骨牌效应。传统的贸易规则和市场趋势突然的终结了，说明这些改变的突变性、不确定性，将导致社会、经济风险的增加。可能会出现大起大落、急转弯、硬着陆等问题。不确定性本身就意味着风险，它使经济发展失去了可预测和可调控的能力。

更重要的是，这些改变将暴露我国经济发展中存在的弊端和突显经济结构的薄弱环节，增加供给侧改革的难度和成本（代价）。因此，我们必须有相应的对策，调整自己的政策，增强制定经济决策和措施的灵活性和应变能力。

第一，深化供给侧改革，激发内需的增长，使之成为我国今后经济增长的主要拉动力。推进供给侧结构性改革是我国经济发展进入新常态的必然选择，是我国宏观经济管理必须确立的战略思路。必须把改善供给侧结构作为主攻方向，从生产端入手，提高供给体系质量和效率，扩大有效和中高端供给，增强供给侧结构对需求变化的适应性，建立强大的内需市场，发展国内中、高消费市场。推动我国经济朝着更高质量、更有效率、更加公平、更可持续的方向发展。

增强内需，使之成为经济发展的主要动力，就必须认识到提高居民收入和就业的重要性，但这正是我们面临的难题。劳动成本的提升是企业效益下降的重要因素（人口红利消失），简单的转移加工业，对于企业是个利好，但对于就业和增加收入却是压力。如何处理企业转型、升级和保障就业和工资增长的关系是供给侧改革的重点，特别需要国家的政策的支持。

第二，强化创新发展战略，创新是供给侧的重要的核心因素。解决无核（芯）、"软"弱的局面是我国制造业转型、升级的关键。要认识到，实体经济的主导地位。注意学习发达国家"再工业化""工业4.0""新工业革命"等改革的经验。真正建立强大现代制造业（实体经济的主体）。

"互联网＋"是实现"把一批新兴产业培育成主导产业"国家战略的主要途径和手段。但"互联网＋"不是万能的，不可能解决所有、特别是实体经济发展的问题。

第三，深化社会、经济管理改革，减政放权，使企业、公民真正享有"国民待遇"，减税、减负，激发小企业的活力，让企业自由的成长，成为经济增长、增加就业的重要力量。

第四，正确处理局部与全局、短期与长期的关系。对可能的阵痛（会很大）要有思想准备、有效对策，妥善处理各类关系，不回避、不激化。保证改革的持续和顺利进行。安防行业是信息产业的一部分，正处于调整、升级的关键期。面临经济下行的压力巨大，面对技术冲击巨大。行业以中小企业为主，自身的弱势增加了改革的难度。同时行业又肩负着引领和带动其他行业发展的作用。

社会经济变革时期对安防市场会有一定刺激作用，安防技术的升级也会拓展新应用领域。所以，挑战与机遇并存，压力可以转化为动力，迎接冲击将迎来机遇。压力和冲击也意味着面临着更大的机会和美好的前景。

（李仲男）

第四节　从数字经济到数据经济——浓缩产生精华

这几年经济的发展变化着实迅猛,举手投足之间,我们已全面进入数字经济时代,喘息未定之时,数据经济又呼之欲出。

今天,我们就聊一聊数字经济与数据经济。古人谈"变化"时说:"物极谓之变。"意思是一件事物本身发展到极致,这一过程叫"变",我想数字经济其本质是经济系统的数字化,但不脱离传统经济本质,应该称之为经济之"变"。又言:"物生谓之化。"意思是一件事物自身急速发展过了临界点,孕育出来一个新生事物,叫"化",数据经济应该说是来源于数字经济,但发展至今已经与数字经济有较大本质差异,可称之为数字经济之"化"。

数字经济始自经济系统的数字化(据统计,2016年我国数字经济规模总量22.58万亿元人民币,位居全球第二)。具体而言,其包括生产与销售环节的数字化、交易与服务的网络化。接下来,我们先看下数字经济的几大特性。

快,与传统经济相比,数字经济的首要特性是快。因为网络缩小了空间距离、缩短了时间差异(当然,这也有高铁、物流等基础设施与服务提升的功劳),因此使生产与交易流程加快、节奏加速,一个完整的交易周期变短，所以能帮助企业更快成长。

省，数字经济能节省大量资金，如通过企业本地化生产、分布式库存来节省成本；通过压缩产业链中间环节来节省营销、推广和渠道销售费用；通过网上交易平台来节省交易成本；通过企业组织结构扁平化来节省管理费用。此外，在降低企业能耗、减少污染等方面数字经济也优势突出。

大，大型网络交易平台、网络服务平台（如金融服务等）的出现，能够充分利用人口红利产生的用户规模效应，使大规模产品交易/服务成为可能（如"双十一"）；同时，云化管理降低了管理的难度和复杂性，进一步催生数字化巨型企业的出现。

广，数字经济不仅能带动单个产业链各环节之间的融合（如制造与服务的高度融合，产生现代服务业），还能促进多个原来不完全相关产业的跨界融合（如智慧城市项目中各子系统相关产业的融合/互联互通）。

强，数字经济容易出现"马太效应"使强者更强、弱者更弱，这是一把"双刃剑"。我们经常可以看到一个产业的前三名企业，基本各项经营指标（收入/利润/市场份额等）都很好，往往能得到更多资本市场与用户的青睐，而步其后尘的企业则大多举步维艰。这点在共享单车市场就很典型。

从传统经济发展到数字经济，历经十余载，已经日趋完善。2015年3月马云在汉诺威又提出了数据经济的说法。虽然马云没有说明白什么是数据经济，但自此以后，数据经济日渐走进我们的视野，直至党的十九大习近平提出推动大数据、人工智能等应用，与实体经济融合。

数据经济的提法还比较新,其成长推动力是社交网络、电商、移动通信、云计算、物联网等领域的快速发展,因此,数据经济的成长速度也非常快。

数据经济中,所谓"数据"大体分三类:交易数据,如传统的ERP、CRM数据或新兴的电商交易数据等;交互数据,如微信、微博等;传感数据,主要指通过传感器针对视觉(如监控数据)、听觉(如声控数据)、嗅觉(如煤气报警)、触觉(如指纹/压力)等各类感觉和环境感知(如红外/气压/温湿度)进行采集获取的数据。

数据经济中所说的数据,与传统意思上我们说的数据有本质差异,其最突出的特点就是一个"大"字,即所谓"大数据"之"大",主要特征有四个:第一,整体的"大",大数据是全体型的数据,而我们过去市场上的数据基本上多是抽样型的数据、局部的数据。第二,大数据是混杂型的数据,甚至多是非统一格式的、非精确性的数据,因此它的应用重心不在准确而在效率。第三,大数据摆脱了传统数据间纯粹因果关系的束缚,只需要相关关系即可,有关联就能产生应用,我们最常听到的案例是世界杯期间沃尔玛超市,根据大数据分析,把啤酒放在尿不湿旁边以满足年轻爸爸们的购物习惯。第四,与传统经济相比,数据经济一般不易贬值,不会产生折旧,污染较少,因此经济效益更高。

分析"大数据"的以上几点特征,可以发现,其实大数据改变了人们观察社会的方式、方法与角度,将不可预测的经济逐渐变得可以基本判断,将非关联的产业逐渐融合到一处(成为整体)。实际上,这改变了或是至少部分改变了经济运行的正常规律,促使市场需求更明确,更容易通过个性化定制满足需求。从而能使企业创造出更多、更新的产品与服务，并最大限度地完善已有的产品与服务。最终，在大数据经济的推动下，将塑造用户需求，改变用户的行为模式。

数据经济之下，市场将会发生巨大改变。笔者认为这主要体现为两点：首先，蓝海市场将日渐消失，市场需求高度透明之下，空白细分市场的机会将不复存在；其次，市场中企业格局将更为清晰。中间商、中介商、渠道商等低价值企业日益没落，未来只有两类企业能活得很好：一是平台类规模化的大企业（甚至可能横跨产业链多个环节，集制造、销售、服务于一身），其能更好地满足用户的共性需求，产生规模经济效应，这类企业往往经营与管理成本较低，能形成较高的竞争壁垒；二是在特定应用领域，专业能力很强的中小企业，通过定制化产品或服务，来满足细分市场用户的个性化需求。

数据经济具有高度适应性，在与人工智能、云计算（数据经济的主要技术支撑）、物联网等手段结合之后，已经日渐应用到电商、金融、医疗健康、安防，甚至政治（如美国大选利用社交数据）等多个领域。

然而，新生事物总是要一分为二地看待。当大数据深入我们的生活后，也将不可避免地引发一系列问题。我们的生活所需淘宝最了解，我们的生活习惯百度最熟悉，我们的资金状况银行很清楚，我们在摄像机的监视下生活，手机掌控了我们的时间。正如《未来简史》的作者指出，未来的人类很可能面临三大抉择，意识与智能是否分离、大数据与自我意识谁为主、生命是否可以完全数字化，并可用算法加以处理（DNA 数字化与意识上传）。

覆水难收，毕竟我们已经深入了数字经济，又刚跨过数据经济的门槛。我想,只有使我们的工作与生活先融入这深刻变革的时代,而后才有能力做出更积极的适应与改进。

(曹国辉)

第五节 撒手、打伞——智慧城市建设中的政府角色转变

若想深入了解中国智慧城市建设全局,需要对几个关键要素在局中作用有更透彻的理解,其中最重要的一点就是政府在城市建设中发挥什么作用?以及正在发生何种角色转变?这种变化会带来哪些影响?

我们先来看一看在以往的智慧城市建设中(2007~2014年)政府的角色定位。自2007年开始,我国逐步由数字城市转向智慧城市建设,当时的建设模式可以总结为"政府主导,土地财政,大范围规划、产业投资驱动、外延式扩张"。多数地方政府提出的理念是经营城市。

从中央到地方,各级机关相应部门对城市设计规划、建设选址、土地使用审批、土地变性、规划许可、工程许可、基础设施建设、改造拆迁等都有严格的审批和直接决定的权力。

智慧城市具体建设过程中,政府以"主导"角色,通过以下步骤来经营城市:

第一,释放土地,利用土地差价获取土地出让金,作为政府财政的补充。

第二,通过地方政府融资平台(一般是当地的城投公司),吸引金

融资源介入城市建设，政府为项目支付兜底（财政预算担保），银行为项目贷款，企业建设（多BT模式或其变种）。

第三，政府引导资金流向其设计的资本密集型产业，通过产业新城、××产业园区落地，吸引相关企业入驻。

第四，由于这种特定的产业园区是政府事先规划的，所以大都并未经过科学严谨的论证和市场的检验，最终，当时涌现出了大批的××软件园、××太阳能/风能产业园；后来又出现了××数据中心、××机器人园区、××电动节能汽车产业园等定向的产业园区。这些园区多数隶属于政策导向型、补贴型产业，一般缺乏产业链分工，极易造成产业同构、区域重复建设，加之资本市场的追捧，当地政府及政策法规的大力支持，一时间各地高新技术产业园区争相绽放。不久，出现了严重的投资过热、产能过剩。

第五，政府不得不进行宏观调控，银行形成坏账，金融风险日益累积，城市债务居高不下。到了后期，这种模式逐渐受到了越来越多的诟病。

自2010年前后，政府逐渐意识到传统的主导型经营城市模式并不可取，于是在智慧城市建设中，逐步开始了政府角色由"主导"向"服务"的积极转换。这种转变在2014年年底，国家财政部与国家发展改革委牵头提出PPP模式时，基本确定下来了，接下来几年中进入了落实阶段。这一过程由以下几个阶段组成：

第一，为保证耕地红线，抑制环境污染，政府开始逐渐减少对土地开发的供应。

第二，政府大力提倡多元化资金进入智慧城市建设（如PPP模式)。中央发文严禁地方政府对相关项目做保底承诺、回购安排、明股实债、垫资承包工程等方式变相融资,同时严控政府债务,并大力推出PPP模式以企业为城市建设运营主体,多元化资金投入,消化城市债务。

由此,资金逐渐分散流向各产业,有实力的地方政府也开始把加强本地化基础产业升级转型当成首要任务。

政府在减少直接干预宏观产业和微观企业发展的同时,逐步缩小审批权限、简化审批流程、放松管制、抑制过热投资(如不久前发文控制央企投资PPP),由主导城市发展,转变为服务企业、鼓励创新。

至此,开明的地方政府逐渐开始建立了企业综合服务体系,在人才引进、科技促进、产学研配套、税收政策优惠等各方面为企业提供便利,从而促进当地城镇化与产业化、信息化的高度融合。

参与智慧城市建设运营十年了,我想以时间为横轴,政府角色为纵轴,大体可分为三种模式:初始阶段可以称之为"红烧肉模式",此时地方政府为片面追求GDP增速,以房地产开发带动城市建设,结果造成产城脱节(产业化与城镇化)、一业独大、债务缠身。

其弊端日益凸显后进入了第二阶段,可称之为"淘金者模式",此时地方政府为求产业发展政绩,以BT模式通过资本运作,强行主导产业发展,结果造成重复建设、投资过热(同时此模式并未放弃地产为主要盈利点,只是做得更为隐蔽)。

进入第三阶段直至当前,我称之为"老母鸡模式",地方政府逐渐转变角色定位,积极服务企业,看重城市运营能力(前两阶段更重城市建设),关注长期税收(企业持续盈利能力),以地方原有核心经济的转型升级为根，以科技创新、发展战略新兴产业为本。相信未来智慧城市建设运营以此模式将走入良性循环发展的大道。

（曹国辉）

第六节　从虚拟宇宙到智慧城市建设

这几天，看了正在热映的电影《头号玩家》。这是由美国著名作家、诗人恩斯特·克莱恩著作《玩家一号》改编，由斯皮尔伯格执导的科幻大片。

影片讲述了一位天才网络设计师死后，将2400亿美元遗产留给能在他创造的虚拟宇宙"绿洲"中找到三把魔幻钥匙，并成功寻获其所设置彩蛋的玩家。本质上，这是一部反乌托邦的赛博朋克电影，类似于《银翼杀手》《太空牛仔》和《阿凡达》的综合升级版。

电影中两大主题：科技与文化、理想与现实，形成异常强烈的反差。从美轮美奂的虚拟世界回到阴森破败的现实生活中，不禁引人反思：是什么造成了如此巨大的文化冲突与理想破灭。

一、城市的发展与基本职能

事实上，我们在智慧城市建设与运营中，同样存在此种矛盾，即如何处理好"科技与文化""理想与现实"这两大基本矛盾。

自从远古人类掌握了家畜驯养和作物耕种后，大部分人类就从游牧状态进入到定居生活，城市由此逐步产生。城市存在的意义是为了解决人类生存繁衍、社会交往、宗教文化信仰三大基本需求。由此衍生出城市的安全、便捷、健康、高效、文化与信仰五大基本职能，并一直延续至今。

二、科技与文化

在城市的五大职能中，科学技术的发展一直是推动安全、便捷、健康、高效四大基本职能的关键，并和"文化信仰"职能形成对立、互补的关系。

具体在城市建设与运营过程中，过于侧重科技力量的发展，而忽视人文（文化信仰）关怀，就会形成缺少"人情味"的机械城市。同时，城市内各类人群间矛盾容易激化、冲突。西方部分城市建设就有很多此类教训。我国在早期重建设、轻运营的城市发展阶段，也普遍存在"摩天大厦+城市广场（集中绿化）+高速公路"的模式，这种千城一面的建设模式不仅破坏了城市固有的生态系统，还导致了各地城市特色的消失和文化传承的断代。

然而，在城市建设与运营过程中过于侧重"文化信仰"建设，却忽视甚至压制科技的发展则更不可取。欧洲长达千年的黑暗时代就是重宗教文化，轻科技发展的结果，直至文艺复兴、宗教改革与启蒙运动的出现，科技得到长足发展，才结束了这种高压的社会形态，出现了以伦敦、伯明翰、曼彻斯特为代表的一批新兴工业化发达城市。

三、理想与现实

兼顾理想与现实，对智慧城市建设更为重要。在前些年土地财政期间的大部分智慧城市建设中，往往过于侧重理想，甚至"跟风"行为盛行，忽视了城市的现实财政能力。各地智慧城市建设大多片面追求"大而全""小而全"，争做"机器人产业园""大数据中心""物联网基地"等所谓产城融合示范区，结果出现大量重复建设、面子工程，不仅形成巨大的城市债务，还严重超越了城市生态环境的承载能力，甚至侵占了部分耕地红线。

在一些偏远地区，同时也存在"轻理想"而"重现实"的问题。这一点在沿海地区产业转移、腾笼换鸟之际表现得尤为严重。大量重污染、低附加值、劳动密集型产业转向内地三线、四线城市，在这种短视的城市发展战略推动下，形成了"马太效应"，使贫困的城市愈发贫困，且生态环境破坏严重。

四、均衡发展

总的来说，在智慧城市建设与运营过程中，要科技与文化并重。以文化建设促进科技发展，缓解社会压力，化解群体间矛盾；以科技手段改善人民生活质量，提高人民安全感与幸福感。

另外，智慧城市建设过程中要理想与现实相结合。根据城市自身实际情况，尤其是可支配财政能力和固有产业基础，做出取舍。以城市现实基础与传统特色，决定城市发展和产业升级。

只有充分结合科技与文化、理想与现实，进行"一城一策"的均衡发展才是王道！

（曹国辉）

第七节 不要敬畏技术

当今的时代、不要过分敬畏技术，不要把云计算、大数据、物联网等看得过于高深、神秘，它们主要是观念转变（创新）带来的技术变化。题目和简单的开头语一定会受到质疑，请读者看完全文，相信会认可我的观点。

看了标题，大家一定会认为这是个悖论。当前，由于新一代信息技术的高速发展，知识成为生产力中最活跃的要素，创新驱动成为经济增长的主要动力（要素驱动）。创新也成为供给侧的要素之一。

在这样的形势下，当然要敬畏、尊重技术，要把创新作为重点。但是，也应认识到：新技术（技术创新）主要是由于观念转变（创新）带来的技术变化。特别是应用领域，创新的重点是观念创新和应用创新。安防行业两创新的重点也在于此。

学术界一直在争论：云计算、大数据、物联网等是新技术，不是技术的新应用或新形态。见仁见智，意见不同，但共同点是：它们都是新思维带来的转变。

一、从云计算说起

计算机出现时,计算能力是集中的,计算机本身具有强大的计算能力。大家共享这个能力(分时操作)。PC 出现后,计算能力分散了,并越来越大,大多用户却仅用于办公、上网,造成资源巨大的浪费。于是又想到资源集中的方式,但不是通过建立一些强大的计算中心(机)来实现,而是整合分布的资源,虚拟为强大的"计算机"。具体的讲:通过虚拟化技术将分散、分布的资源(数据中心、计算机、存储),虚拟化为一个巨大、共享的资源库(计算能力),并进行自动、智能、灵活的调控,实现开放、分布、并行的多任务、网格化计算。让每个用户(客户端)都如同在使用一个强大的计算机,共享巨大的计算能力。

这就是云计算,是分布式处理、并行处理和网格计算等计算机科学概念的商业实现。使计算分散在大量的分布式计算机上,而非本地计算机或远程服务器。这意味着:计算能力可作为一种商品进行流通,像水、电、气一样,取用方便,费用低廉;云计算可依托互联网上,为大众用户提供按需即取的计算服务。

在计算机流程图中,常以一个云状图案来表示互联网,也用来形象地表示云计算。同时,"云"也是对底层基础设施的抽象。云计算的资源是动态、易扩展且虚拟化的。终端用户不需要了解"云"中基础设施的细节,不必具有相应的专业知识,也无须直接进行控制,只要关注自己真正需要的资源、知识或应得到的服务。将来,只需一台 PC 或手机,就可通过网络服务来获得需要的一切,包括超级计算能力,从这个角度而言，最终用户才是云计算的真正拥有者。

云服务主要包括以下几个层面：基础设施即服务（IaaS），提供硬件服务器租用，如云盘；平台即服务（PaaS）为用户提供软件研发的平台；软件即服务（SaaS）为用户提供基于web的软件。

云计算为许多应用系统提供了强大的技术支撑和理想的平台，特别是信息服务系统，如大数据、物联网、"互联网+"等，成为信息服务的主要模式。这段话是对云计算与大数据、物联网等关系的基本解释。

可以说，云计算是由观念创新所产生的资源配置的新模式、信息技术应用的新业态。由于云计算的应用又产生了信息服务的许多新概念和新观念，成为新一代信息技术的基本标志。促进了（现代）信息服务业的发展。

当然，这些观念创新是在计算机和互联网科技进步的基础上产生的，同时，又促进了信息技术的技术创新。

二、实现大数据的价值

由于采集数据能力（感知手段）的增强，系统可以容易地获得巨量的数据；存储能力的增强又可以将巨量的数据保存起来。传统观念认为，其中没有价值的数据是垃圾，而在大量的垃圾中寻找有用数据又变得困难。新观念则看到巨量数据所具有的潜在价值。国外把它称为"数据矿藏"（data mining），中文翻译为"数据挖掘"。这就是大数据的由来。它既说明了数据的价值，又指出了获得价值的方法——"挖掘"。

大数据（big data），又称巨量资料，指的是所涉及的数据量规模巨大以致无法通过目前主流软件工具在合理时间内达到撷取、管理、处理、并整理成为帮助领导者做出决策更积极的信息。

大数据不能用通常的方法处理数据，如随机分析法（抽样分析），而是对所有数据进行分析处理。传统处理方法理解数据的表面信息，获得数据价值。而大数据是挖掘所有数据的共性信息，得到具有趋势性和预测性信息，这是增值信息，实现挖掘价值。所以它无法使用传统流程或工具处理或分析数据。

大数据的核心价值是预测，将为人类的生活创造前所未有的可量化的维度。需要新处理模式才能具有更强的决策力、洞察发现力和流程优化能力的海量、高增长率和多样化的信息价值（资产）。大数据的4V特点：Volume（大量）、Velocity（速变）、Variety（多样）、Value（价值）。但其战略意义（价值）不在于"大"，而在于对数据进行专业化处理（挖掘）。大数据作为一种产业，实现盈利的关键，在于提高对数据的"加工（挖掘）能力"，通过加工实现数据的"增值"。

大数据与云计算就像一枚硬币的正反面。大数据无法用单台计算机进行处理，必须采用分布式架构，对海量数据进行分布式数据挖掘，必须依托云计算的分布式处理、分布式数据库和云存储、虚拟化技术。

随着云时代的来临，大数据越来越受关注。大数据可视为大量非结构化数据和半结构化数据，这些数据在下载到关系型数据库用于分析时，会花费过多时间和金钱。把大数据与云计算联系到一起，可有效地处理大量的、以往时间内的数据。因为实时的大型数据集分析需要像MapReduce一样的框架来向数十、数百甚或数千的电脑分配工作。

适用于大数据的技术包括：大规模并行处理（MPP）数据库、数据挖掘网、分布式文件系统、分布式数据库、云计算平台、互联网和可扩展的存储系统。

三、物联网思维

互联网实现了计算机与计算机的互联（交换信息），由此引申人们希望通过物与物的互联，来实现对物质世界深刻的感知，产生了物联网（internet of things）的概念。传感技术的迅速发展支持这一个新思维的实现。

物联网中的"物"是广义、抽象的，包括人、物、过程、状态等。

物联网的要素是感知、交互、互联。感知，采用探测或传感技术，实现对物的感知：探测它的存在、识别它的身份、断它的状态。交互，实现物与物、人与物、系统与物间的互动，要求各种传感间要协同，系统对感知有反应。以上两个要素通常由传感网（物联网的基本单元）来完成。互联，实现传感网的互联，是物联网应用的基本模式。通过传感技术与网络技术的结合，把现实世界与虚拟世界结合起来。为物联网应用开拓了无限的空间。

物联网把人类社会用一个技术系统表达出来，把物与物、物与人的关系用机器的语言来解释，把现实世界映射到虚拟世界；它将改变社会管理和经济结构，影响人的生产、生活方式、人际关系，以致最后改变社会的价值观、道德标准（隐私）；带来对信息社会新的憧憬，具有无限的魅力。

物联网将分散、独立、单一的监管平台提升为系统、开放、多元的综合平台；提高效率、友好性、降低社会成本。为安全监管系统引入新理念，实现"安全第一、预防为主、综合治理"本质安全的内涵；使安全监管能在任意时间、任意地点对人的安全行为、物的安全状态及环境、管理状况监控和处理。引起公共管理系统的革命。促进系统的融合，如生产安全、食品安全、网络安全、治安防控等，完善公共安全体系。

物联网具有安防系统的全部要素，强调人与物、人与人、物与物的互联、互动，进而达到"实时感知、精确定位、准确辨识、快速响应、有效控制"，是最完善的安全体系，变被动防范为主动监控，把安全寓于管理过程中。

物联网思维就是以物联网架构和要素去构建安防系统和开展物联网应用。

首先，建立安全域，并将域中安全的要素（人、车、环境、设施、系统）抽象为"物"；其次，采用适当的传感、探测、特征识别手段和适当的网络结构，实现物与物的相互感知、互动；进而实现对安全状态、行为真实感知、精确定位和准确地的风险评估（预警）。对不安全状态、行为及时纠正、改善和有效地应急处置。

四、国家战略"互联网+"

总理的政府工作报告提出了"互联网+行动计划"，以推动移动互联网、云计算、大数据、物联网等与现代制造业的结合，促进电子商务、工业互联网和互联网金融健康发展，引导互联网企业拓展国际市场。

"互联网+"的概念于2012年首次提出，主要强调互联网与各传统产业进行跨界深度融合；现已成为我国工业和信息化深度融合的成果与标志，也是进一步促进信息消费的重要抓手。

因此,"互联网+"达到前所未有的高度,成为绝顶的观念创新。是实现"把一批新兴产业培育成主导产业"国家战略的主要途径和手段。

"互联网+"利用互联网平台、信息通信技术,把互联网和包括传统行业在内的各行各业结合起来,在新的领域创造一种新的生态。直接地讲:互联网+××传统行业=互联网××行业。显然、两者不是简单的相加,而是创造一个全新的产业,不是对传统产业的颠覆,而是换代升级。其实,"互联网+"并不是什么新鲜事,如"互联网+传统零售=淘宝""互联网+传统百货=京东""互联网+银行=支付宝(互联网金融)"等。

近年来,随着移动互联网的加速发展,云计算、大数据、物联网等新技术更快地融入传统产业,包括金融理财、民生、家电制造等。"互联网+"正是站在这个新的战略高度,来看待信息技术和传统产业"生态融合"的全新定位。

但在民众心中,"互联网+"被赋予了更广的意义,它是利用互联网提供的公共服务进行"两创"的同义词。电商解决了支付问题,实质上是在虚拟世界完成了现实世界的"一手交钱、一手交货"交易过程,使互联网成为一个开放的交易平台。于是催生了一系列的"互联网+服务"的业务,除淘宝外,有打车、专车、租房等。展现了无限广阔的市场空间。因此,极大地激发了大众的智慧和创新欲望,改变了传统的观念,在资源管理、投资等方面出现了许多新概念,如众投、众筹、公共管理等,所有都将促进在互联网环境下,产生更多的新模式和新业态。许多行业也都提出了"互联网+××",进而又提出了"××+",如"互联网+安防"和"安防+"服务。

"互联网+"就是O2O被业界很多人认同。两者都强调：互联网（Online）与实体经济（Offline）融合互动，并促进后者的转型升级。但"互联网+"不是万能的，不能解决实体经济的根本问题。更不能解决所有问题。

"互联网+"不是方法论，只是产品形态，只是当下很多互联网产品的一种形态。实质上是把网络的传输环境转变为一个公共服务平台，把公共服务作为资源向大众提供各种所需的服务，是互联网的增值服务。

无论国家层面的"互联网+"战略，还是大众层面的"两创"平台，都是观念和应用的创新。这种创新又将促进互联网技术的进步，加速大数据、物联网的应用。意味着互联网行业的发展已经是关系到国家经济命脉的重要一环。

五、结束语

以上内容主要是对新一代信息技术中几个主要概念的说明。希望能有助于大家正确、深刻地理解这些概念的由来、技术本质和内涵；发现可以实现的应用、途径和效果；看到由于应用可能产生的影响和改变。并结合业务的需求切实地把它们用起来，既不要畏于技术的难度（由于不了解），敬而远之，只停留在纸面上说说，也不要随便做点什么就戴上高帽，流于形式。

科技创新是社会、经济发展的原动力，但其产生巨大的社会、经济效益需要大量的观念和应用创新的支持。科技创新主要是精英创新，观念和应用创新则基本是大众创新。通常大众创新不是新原理、方法、材料、技术、产品的发现和发明，主要利用技术新成果、实现新功能、开展新应用。它需要公共服务和产品的支撑,可将科技创新转化为巨大的社会经济效益。如卡拉OK、金融安防的柜员制系统等;云计算、大数据及物联网也是如此,都是在信息技术发展的基础上,通过观念、应用创新所带来的技术形态、结构、应用模式的改变。

"不要敬畏技术"就是要突出观念创新在新一代信息技术发展过程的作用。有人讲,现在是不缺少技术、不缺少资本,而是缺少创意的时代。

国外一些大企业(如IBM)在谈论上述问题时,主要是推出新理念,强调技术应用将会带来的改变,很少谈技术(包括它们自己的技术)。当这些理念和应用成为你的愿景和需求后,就会发现实现的最佳方案是它们的技术。这就是高明之处。

观念创新又称新思维,只有在准确理解技术(特别是新技术)的实质,了解它们可实现的功能、可达到的限值及经济性、成熟性,掌握它们实现的途径和适用的环境的基础上,才能产生。反过来,它又将促进专用产品的研发、推动技术的进步,成为技术创新的前奏曲。

从这个意义上说,不要敬畏技术不是否定科技创新的作用,而是强调在技术变革的时代新思维是多么重要,观念、应用创新是"两创"的核心。

安防技术正处在大变革的时期,持续的技术创新带给我们全新的时空观、信息观,社会结构、经济活动、信息传播、人际交流等将发生前所未有的变化。面对这样的时代,要做好技术上的准备,但更重要的是实现思想和观念的转变。

(李仲男)

第八节　世界各国近现代城镇化发展之路

目前来看,高度城镇化是人类社会发展进步的标志之一,是产业结构转型升级的必要条件,是提升生产效率的驱动引擎。近现代以来,世界各国在两三百年的时间里,纷纷加速了城镇化进程,走过了不同的城镇化发展之路,了解研究这些各有特色的城镇化发展模式,对我们理解中国的城镇化发展策略、智慧城市建设与运营模式,相信会有较大帮助。

一、英国模式:城市与农村、工业与农业同步变革

英国是近现代最早进入高速城镇化发展的国家[①],采取的模式是:城市与农村、工业与农业同步变革。18世纪60年代,农业机械化技术革新提升了生产效率,加之血腥的"圈地运动",共同改变了农业生产方式,形成规模经济效应,由此产生了大量剩余劳动力和工业原材料,高速城镇化就此登上了历史的舞台,转移了这些剩余的劳动力,更好地

---

① 在古代,中国无疑是城镇化水平最高的国家,宋代城镇化率已达22%,远超其他国家。

配置了原材料供应,极大地推动了工业化进程。正因为如此,英国率先进入工业革命,以棉纺织技术革新为牵引,以瓦特蒸汽机改良及广泛应用为驱动,以机械化的实现为标志,工业革命用大机器工业代替了手工业。笔者认为,英国的城镇化虽简单粗暴,却是迄今为止较为完美、高效的模式之一,它将产业、人、土地与城市发展各要素紧密地结合在一起,同时又提升了社会普遍的财富增长和人均效率,美中不足之处是造成了社会各阶层的对立,以及严重的环境污染,这种情况百年之后才得以缓解,就是当前英国境内也鲜有大型野生动植物。

二、美国模式:低密度蔓延式扩张,沿海略为集中

美国的城镇化模式是:低密度蔓延式扩张,在沿海区域有所集中。美国的城镇化过程历经百年,始于19世纪50年代,在20世纪上半叶高速发展。其时,伴随着经济的复苏与持续增长(之前是大萧条时期),汽车日益普及,交通网络在全美延伸扩展。交通的便利与廉价的运输成本,使百姓有能力在乡下生活、在城市工作。这样既能享受快乐的田间生活和较低的物价,又能获得好的工作机会和较高的薪水。由此,逐步使美国从原来相对紧凑密集型城市经济转向多中心分散型的经济布局。这样布局的优点是缩小了城乡差距(没有类似中国的城乡二元结构问题),但缺点是提升了能耗,加大了基础设施及综合配套服务成本。在两次石油危机出现后,这种城镇化布局的劣势日益凸显。为此,当代美国的有识之士提出了"精明增长策略",用足城市存量空间,减少盲目扩张,加强城市网格化管理(美国不叫网格化,但意思大体一致),以节约基础设施和公共服务成本,使城市建设更加集中,空间更为紧凑,

同时鼓励发展公交系统。通过这些举措，力图使美国城镇化模式逐步重新向空间紧凑型转化。

三、苏联模式：政府主导，计划经济色彩浓厚，二元结构突出

苏联的城镇化发展模式也值得一提（因为这是我国早期城镇化的榜样）。在20世纪30年代，苏联加速进入城镇化，以政府主导为模式，城乡二元结构显著对立，发展重工业，农业与轻工业相对滞后。这种模式通过严格的计划经济体制落地，以自上而下的政策为执行抓手，在高速城镇化过程中，逐步造成了城市与农村，重工业与轻工业的巨大裂痕。在后期，严重影响了经济增长、社会稳定和人民生活水平的提高。

四、拉美模式：缺乏产业支撑的过度城市化模式

拉美各国城镇化发展模式也很典型（经常作为反面教材），这是一种缺乏产业支撑的过度城市化模式。在20世纪50年代，拉丁美洲在工业化进程中逐渐形成了少数工业化大城市（这些大城市的工业实力并不足够强大），同时农业生产工具的改进和生产效率的提升，使国家层面减少了农业投入，造成农业衰退，人口被迫迁移到少数工业化大城市。但大量涌入的人群使工业也难以消化，逐渐地，这些流民在大城市周边形成了贫民窟。究其原因，政府的规划不合理，对工业能吸纳的就业人口盲目乐观，过度鼓励农业人口迁徙，而迁徙的人员又缺乏相关技能培训，过度城市化与缺乏产业支撑是形成贫民窟的主因。目前，大部分拉美国家城市人口占60%，但仅有20%就业率，1/4城市人口居住在贫民

窟。至此，几十年间拉美各国也没能走出中等收入陷阱。

五、日本模式：三大城市圈模式；韩国模式：超级城市模式

日本城镇化采取的是三大城市圈发展模式。从 20 世纪 50 年代开始，日本经济进入高速发展的黄金期，在 1968 年成为世界第二大经济体，这期间由于经济增长与产业转型升级，大量农业劳动力转移到城市，聚集在东京、大阪、名古屋三大城市及周边，日本政府提出"不让一个农民赤手空拳进城（就是要教会他们在城市的工作技能，这一点小日本太厉害了，不服不行，而拉美各国就折在这上面了，我们有些领导还在喊让农民兄弟脱鞋上楼，多么不一样的境界啊）"。密集的劳动力、优质的技术工人，帮助日本制造业实现了从重化工业向高加工度工业转型升级。日本的大城市圈发展模式有几个特点：一是政府主导，大企业配合；二是产业、城市、人三要素协同发展；三是利用外资和先进技术，重视人才的应用技术培训。但这种高密集度的紧凑型城市化也有其明显弊端——大城市病严重，诸如交通阻塞、环境污染、房价高企、医疗教育等公共服务供不应求等诸多问题。有鉴于此，日本政府也在规划设计"多核心分散型的发展模式"，但积重难返，具体落地难度较大。

此外，还有部分国家采用的是超大型城市的发展模式，如韩国、泰国等。由于这些国家大都国土面积较小，更容易集中优势资源来发展某一个城市（大多是首都），将其打造为政治、商业、文化、金融中心，比如：韩国首尔，面积不足全国的 1%，但 GDP 超过全国的 1/5。

世界各国的城镇化发展模式大体有此 6 种，其中 4 种模式在我国均

有尝试。新中国成立后城镇化发展初期，我们学习的是苏联模式，改革开放后我们学习了美国、日本模式，重点发展东部沿海地区经济，并全力投入建设长三角、珠三角、京津冀三大城市群。最近几年，我们逐渐摆脱了以土地财政为主的城镇化发展模式（弊端较多，我们以后专门讨论），走上了新型城镇化建设（中小城镇化/特色小镇+区域城市群）和智慧城市建设运营的健康高速路。

（曹国辉）

第五章　多姿多彩的安防人

第一节 大趋势：认知进化3.0版

最近，天马行空地接连看了几本涉及自然、人文、社科等不同领域的经典著作，发现似乎几个不同门类的科学都存在着认知方面共性的发展特征。似乎人类在认知自然、宇宙、社会、自身等各个方面时，都经历了从"金字塔模式"到"树型模式"再到当前的"网络模式"三种认知形态的进化。

金字塔认知模式是人类早期认识世界和自身的工具，是一种上窄下宽的阶层式认知模式。古希腊的本体论，印度佛教的"真如"与"实相"，老子提的"道生一，一生二，二生三，三生万物"。无论是"存在""真如"，还是"道"，都是金字塔顶端的掌控者，就像是宗教中的上帝，其下由天使、教皇、国王、贵族、平民、奴隶等一层层更为庞大的阶层构成。

随着信息量的扩大、知识的增长、科技的发展，金字塔认知模式逐步无法解释日益复杂的现实问题，迫于各门类知识分工细化，人们开始进入"树型认知模式"时代。这种模式明显是由金字塔模式进化而来，因为它同样是基于共性的庞大基础认知树干，再分支细化成各门各类枝权学科来解释问题。

我们可以从人类对生物进化、知识的演进、组织结构变革等几个方面的探索来理解"金字塔认知模式""树型认知模式""网络化认知模式"这三种思维认知模式及其传承关联。

在生物进化这门学科方面。早期人类根本不承认有进化的说法，只是认为人为万物之长（之灵），其下由胎生、卵生、湿生等各类生物逐层共同构成生物金字塔。后来，伴随着达尔文进化论的提出和化石证据的挖掘，人类描绘出了由门、纲、目、科、属、种构成的进化之树。近年来，微生物学与基因学的发展让人们开始认识到，正是所有生物共同的基因关联，以及细菌、病毒、微生物等微观生物构成的网络介质，才使地球万物共同形成自然网络（生态圈），同根同源进化繁衍。

人类掌握知识也历经了此三种认知阶段。早期生产力薄弱，物质匮乏年代，知识由极少数贵族阶层掌握，后来孔子打破这种传统，通过兴办私学使知识进入"士族"阶层，但封建社会两千多年，在这种金字塔模式下，知识仅限于少数读书人掌握，学科门类也并不丰富。直到欧洲文艺复兴后，随着工业革命兴起，知识全面进入平民阶层，各门类的树型知识体系日渐出现并快速普及。进入21世纪，信息化时代，我们逐渐发现，在互联网、大数据、云计算的整合之下，出现各学科知识高度融合，复合创新不断涌现的网络化知识体系。

同样，在组织架构方面，人类也经历了三种模式的过渡。奴隶社会、封建社会的"金字塔架构"，到资本主义社会的"树型架构"，当前我们正面临向"网络化社会架构"转型的关键时期。这种情形在大企业组织架构发展中体现得更为明显，从早期金字塔形组织架构，到跨国公司庞杂的树型组织架构，再到当前谷歌尝试的去中心化组织、海尔的扁平化创业架构、巨型电商的平台化生态，无一不是在尝试这种新型的网络型组织架构。

既然我们发现了人类认知进化的趋势，那么我们最迫切需要了解的就是代表最新认知模式的——网络化认知模式具有哪些特征。

首先，网络化认知模式具有分布式、去中心化特征。这点接受、应用起来很难，"分布式"意味着层级的极度扁平化，"去中心"则意味着权力的分散。我们以往认识的权利型组织、高度集中的社会化形态、产业形态，将逐步消失。随着人工智能等技术的快速普及，大部分人类将很快摆脱繁重的基础性、事务性工作，今后作为个体的人类，将比以往任何年代都更为自由，基于个体的个性化创新将成为社会进步的最大驱动力。

其次，网络化认知模式具有泛在连接的特性。这是一种广泛的不受时间与空间限制的超级链接，人与人的连接、人与物的连接、物与物的连接、知识的连接、经济贸易的连接，连接无处不在。连接具有两大特性：开放性、交互性。连接带来了全面、无边界的开放，也带来了万事万物的交流互通，人工智能的发展将这种连接的广度与深度推到了极致，各种应用由此产生，各门学科由此汇聚。

这将是一次近乎终极的认知进化。生活在这样一个巨大变革的新时代，悲乎？幸乎？

（曹国辉）

第二节　孔夫子搭台，德鲁克唱戏

时间由分秒汇聚，日积月累而成，其特征是线性不可逆，故孔子在川上说："逝者如斯夫，不舍昼夜"。只有善于利用时间的人，才能做出更好的成绩。德鲁克认为，管理的要点在于自我管理，而自我管理则是从时间管理开始的。如何有效利用时间，德鲁克有三点建议。

一、记录时间

以工作任务列表的形式，记录下一段时间的工作安排，检查有哪些时间被浪费掉了。近年来，伴随着数字经济扩张和网络应用快速普及，细微边界法则被屡屡提到，这一法则是指时间上的细微差别可能导致最终结果的巨大差异。这点在"互联网+行业"、共享经济领域等十分明显，其竞争规则已经由"大鱼吃小鱼"转变为"快鱼吃慢鱼"。自有人类文明以来，还从没有哪个时代像今天这样重视时间成本的价值。对个人而言，亦如此，一段不长时间的浪费可能就会导致无法跟上时代发展的步伐。

二、分析时间

分析时间的目的是为了不花时间在没有成效的事情上。一般情况下,干扰时效的最大外部因素多是各类会议。企业应尽量减少会议,杜绝"会而不议、议而不决、决而不行、行而无责"这四种会议。

对个人来说,可以利用自控法则来最大限度地发挥做事的时效性。自控法则要求我们不要过多浪费时间和精力来做已经能熟练掌握的事情;也不要过多花费心思于自己完全无法掌握的事情,这类事情有时只能交给"时间老人";我们要用心做能够且应该掌握的事情——专注于能产生效果之事(效率最大化)或专注于只有自己能做的事(价值最大化)。

三、整合时间

我将整合时间提炼为五大技巧:轻重缓急、零存整取、二八原则、没有借口、与时俱进。

1. 轻重缓急。在做事情之前,要先确定做事方法与处理事情的优先级,而后据其优先程度和所需时间依次办理。我的做事顺序是:重而急 > 轻而急 > 重而缓 > 轻而缓。不同层级、不同岗位的人,往往其做事的本末顺序会略有不同。一般新员工或普通职员,工作多涉及圈子小、比较单一,这时机遇型工作一定要及时把握并尽全力做好。孔子在《大学》中提到的做事次序,对个人具有普适性(如图5-1)。孔子说,修身为本,而后才能平天下,本乱而末治者否矣。就是说本末倒置,没有秩序的"眉毛胡子一把抓"是做不成事情的。

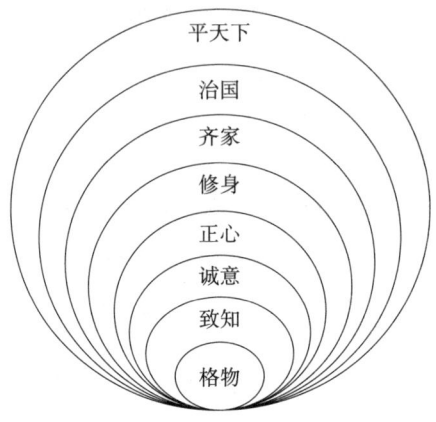

图 5-1 孔子《大学》中的做事次序

2. 零存整取。尽可能将零碎时间聚合起来，用大块时间、高效地处理重要的事。看新闻、收发邮件、看手机等零碎事情，最好放在上班伊始或即将下班时来做，这样会有助于我们提高效率。

3. 二八原则。二八原则也叫帕累托定律，是指大系统中80%结果由20%变量产生。具体来说，就是我们要花20%的时间来获得80%的做事功效。这要求我们一定要有所思，有所不思；有所为，有所不为；专心做事。德鲁克说："专心是一种勇气，它让我们敢于决定真正该做和真正先做的工作。"

4. 没有借口。不要回避困难工作，也不要低估日常工作，做到慎终如始、始终如一。拖拉、磨蹭是人的天性，一般只要还有时间，工作就会不断扩展，直到用完所有时间（帕金森定律）。因此，不推脱、不扯皮、不找任何借口，是提升工作效率的最好心态。对于学习知识也是如此，如果你总在抱怨没时间看书学习，实际上意味着你在说，学习东西对你并不重要，至少不足以把它放在其他事之前来做。

5. 与时俱进。以整体的时间规划来看，每个人应该在不同年龄阶段做不同的事情、担任不同的岗位，如青年时期应该把重点放在学习知识与技能，利用体能优势来做事；中年阶段应以经历、经验为支撑，做些管理与协调或专业化的事情；中年后要以人脉为依托，多做教育培训或规划的事情。孔子对于个人一生的规划，也有很好的建议（如图5-2）。

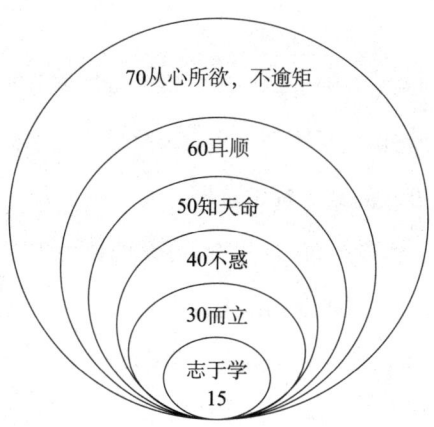

图5-2 孔子对于个人不同年龄段的规划

即使我们一动不动，过往的时间也一去不返。少壮不努力，老大徒伤悲！让我们珍惜时间、提升效率、无愧芳华！

（曹国辉）

第三节　剖析贫富真相，改变自身命运

前几日，看到网上一篇介绍中国贫富各阶层划分的文章，作者大体按家庭收入与资产将国内居民划分为三个阶层：年家庭收入8万元以下或总资产低于50万元的划为贫困阶层，大约占总人口58%；年家庭收入8万~30万元或总资产50万~300万元的划为中产阶层，大约占总人口38%；年家庭收入30万元以上或总资产300万元以上的划为富裕阶层，大约占总人口4%。这种划分的科学性当然有待考证，但世界各国大都有此三种阶层的分法。而各阶层间人口的流动性也确实能反映出一国的经济繁荣程度和未来发展前景。

今天，我们就聊一聊贫富转化的秘密。我想，无论各阶层人群日常经济生活都离不开平衡四大要素：收入、支出、资产、债务。而根据各要素的属性和特点，我们可以做如下划分：

表5-1　　　　　社会各阶层经济生活平衡要素

收入（A）	A1：工资、土地收成等 A2：房屋租金、股票收益、投资回报、版税等

续表	
支出（B）	B1：衣、食、住、行等 B2：房贷、车贷、信用卡账单或电商白条、教育费、税等
资产（C）	C1：房子（自住）、车子（自开）等 C2：房产（租或售）、股票、基金或债券、现金、著作权等
债务（D）	D1：房贷/车贷（自用）、信用卡账单或白条、教育费等 D2：房贷（租或售）、融资与融券、企业或生意投资

接下来，我们就看一看三个阶层各自的收支、资产与债务特点。据此我们可以发现贫富的秘密，以及如何改善自身的经济状况。

一、贫困阶层：有志贫不久，无志富不长

根据图5-3，我们可以看出以下问题：

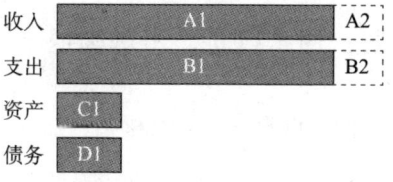

图5-3 贫困阶层

第一，贫困阶层的收入以工资、土地收入为主（A1），A2型收入基本没有；

第二，贫困阶层的支出以衣食住行的基本支出为主（B1），B2型支出基本没有；

第三，贫困阶层的收入差不多全部用于基本支出，多余的消费基本没有；

第四，贫困阶层的资产基本没有或以祖屋、宅基地、基本的生产资

料为主;

第五,贫困阶层的债务很少,可能因为孩子念书或家人看病背上负债;

第六,贫困阶层的盈利能力不足,潜在债务较大,禁不住折腾。

由此,我们总结如下:

第一,贫困阶层的优势:负债不多;

第二,贫困阶层的劣势:盈利能力不足;

第三,贫困阶层的风险:多年后劳动力下降或生病,有赤贫风险。

第四,改变建议:提升收入,减少不必要的支出,将省下来的钱,甚至是举债用于两点投入,一是教育投入,包括自身的职业教育投入(提高自身价值)和子女的学历教育投入(未来);二是增加保障性投入,如购买基本的养老和大病保险。

二、中产阶层:逆水行舟,不进则退

根据图5-4,我们可以看出以下问题:

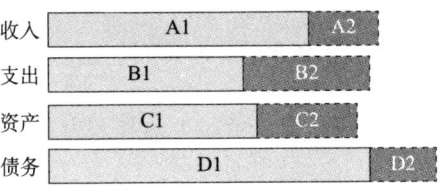

图5-4 中产阶层

第一,中产阶层的收入以工薪为主(A1),A2型收入较少,可能有部分股票,少数炒房;

第二，中产阶层的支出结构发生变化，除基本支出（B1）外，B2型支出较大，包括房贷（自住）、车贷（自开）、信用卡账单或电商白条、教育费用、个人所得税等；

第三，中产阶层的收入增长了，但支出涨得更多，收入仅略大于支出或基本持平；

第四，中产阶层的资产以自住房产、自开的车子为主，可能有少量股票；

第五，中产阶层的债务相对（收入）巨大，以房贷、车贷、信用卡账单为主；

第六，中产阶层虽有资产但无法变现或增值，只能自行使用，且债务巨大，束缚住其手脚，压缩了其进一步提升的空间，如工作的变动、创业等。

由此，我们总结如下：

第一，中产阶层的优势：工资增长了，有可能有闲钱；

第二，中产阶层的劣势：多余的钱，全都用来买房、买车、买东西，变成了巨大、持久的债务，无法变现或增值；

第三，中产阶层的风险：若不改变投资策略，就是有房子住，有车子开的贫困阶层，且可能面临中年危机，害怕失业，不愿拼搏创业，成为房奴、车奴、儿女奴，风险巨大。

第四，改变建议：改变支出习惯，把买房、买车的钱用来投资房产、股票、创业、理财等，虽有风险，但有机会进入富裕阶层。自己住的房子晚点买也行（先租房），自己开的车子差点也没啥。

进一步加大教育投入，学好专业与行业知识，积累经验，等待机遇，不做月光族，坚决剁手。

三、富裕阶层：居安思危，乐善好施

根据图5-5，我们可以看出以下问题：

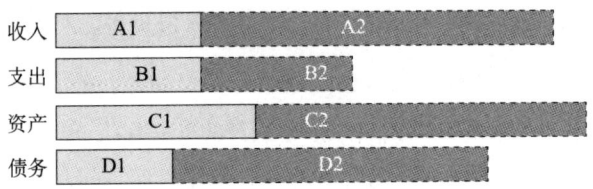

图5-5 富裕阶层

第一，富裕阶层的收入以企业投资、股票、理财、房屋租金等为主（A2）；

第二，富裕阶层的支出相对较少，除基本支出（B1）占收入比例很小，自己住的房子贷款基本早已还清，投资的支出及所开的车子，部分由其所在公司承担；

第三，富裕阶层的收入远大于支出；

第四，富裕阶层的资产巨大，且以非自住房产、股票、企业或生意投资为主；

第五，富裕阶层的债务相对（收入）不大，部分债务多由其所在企业承担。

由此，我们总结如下：

第一，富裕阶层的优势：收入与资产巨大，但支出与负债不多；

第二，富裕阶层的劣势：容易自身膨胀，忘记社会责任，忽视他人权益；

第三，富裕阶层的风险：投资失败，资产贬值。

第四，改变建议：注意资产保值，稳健投资、融资融券需谨慎，多做社会贡献。

通过对上述三阶层财富结构的特征分析，及其各自优劣势与风险的判断，我们可以了解财富变化的秘密。同时，笔者也给出了各阶层改善自己命运的建议。

我想，贵贱本无常，贫者当自强不息，中产者当胸怀大志，富者亦当厚德善行，那么整个社会必将是充满生机、繁荣、和谐的大同盛世。

（曹国辉）

第四节 职场乾坤之学，安身立命之道

前几日，受邀为刚毕业进入职场的大学生、研究生讲些职业生存、职业规划的经验和心得。回到家中，泡壶凤凰单丛，在袅袅的茶香中，结合案头在读的《周易》，于是又有了一点新的胡思乱想，借周末闲暇与诸君共享。

我想，成功的职业发展道路可以考虑两个层面的问题，即立命与安身。所谓"立命"，重在规划职业发展之道，初期实现基本的物质条件自给自足，后期满足自我实现，发挥自我价值最大化；而所谓"安身"，则要把重点放在修炼与提升自身的职业素养；两者相辅相成、共同提高，就会使我们的事业发展得更顺利、更快速、更健康。避开传统式的说教，今天我想利用周易中的乾坤两卦，聊一聊职场安身立命的各个阶段以及如何修炼。

一、立命（职业规划）——乾：天行健，君子以自强不息

在《象传》中，孔子认为乾卦的灵魂就是以"刚健自强"来效法天道。每个在职场打拼的人，也都该把"自强不息"作为终生谨记的座右铭。借鉴乾卦的指引，可将职业规划分为七个阶段（见图5-6）。

第五章 多姿多彩的安防人

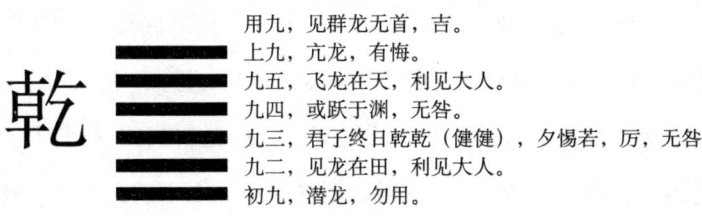

图 5-6 乾卦

乾卦最底下从第一爻（初九）开始，叫"潜龙勿用"。因为这时阳气居最下，刚开始生发，所以不主张有太大动作。这也象征着我们初入职场或刚到一个新环境，需要默默积累、学习知识、了解公司，时机未到之时，不应轻举妄动。最近网上流传的热门话题之一就是"任正非辞退入职 60 天北大高才生"，原因很简单，这位刚入职不久的学生写了洋洋洒洒的万言书，想要指导华为战略。任正非的批复是"此人如果有精神病，建议送医治疗，如没病，建议辞退"，这个案例足以证明初入职场手低眼高，又盲目行动是多么幼稚可笑了。

乾卦第二爻（九二）叫"见龙在田，利见大人"。这时阳气升腾，处下卦得中位，是个比较好的发展机遇期。此时，我们进入职场一段时间了，有了基础，学了技能，又有了些实践，可以抓住机遇适当表现自己。但从卦象看，阳处下方，龙在田间，不在天上，所以虽机遇不错，但还不能完全对工作得心应手，仍需努力学习、勤奋工作，只表现出追求上进的意愿即可。

到了九三爻"君子终日乾乾（健健），夕惕（警惕）若，厉，无咎（厄运）"。这讲的是，事业有所小成时，也就到了"可上可下"的职场波动期，此时更要白天努力，晚上警惕，才能顺利发展不出问题。所以，外部环境变化较大时，职场人当更需勤奋，同时谨慎，所谓进德修业，把动荡的环境、激烈的竞争当作对未来成功的磨砺。

九四爻"或跃于渊，无咎（厄运）"，指的是我们或将遇到较大的上升通道（只能上不能下）。此时，龙在渊中，上不着天，下不落地，只有勇往直前，才是唯一出路。职场中的我们，经过了积累期、发展期、波动期，往往会遇到较大的机遇期，这时只能全力争取，切不可犹豫不决或畏首畏尾，否则"不进则退"是一定的。

九五爻"飞龙在天，利见大人"。此时，阳之龙处上卦中位，天时、地利、人和具足，我们达到了职场顶峰，当有所作为，放开手脚，做一番事业。

第六爻"亢龙有悔（悔恨）"。阳气升至极点，乃至欲罢不能（穷尽了）。此时的职场中人通过多年拼搏已达事业巅峰，切忌知进不知退，知得不知失，须知盈不可久矣。这些年，我们能看到多少商界精英，一旦位高权重就开始膨胀了，专横跋扈，独断任性，枉顾员工、股东、国家利益，以至于身败名裂。

为突破物极必反的瓶颈，在乾卦特别多出"用九"一说："见群龙无首，吉"。说的是职场处于盛极（而衰）之时，更要审时度势，不霸道、不膨胀，应多提倡民主集中并行，使各层管理人员各司其职，依靠制度推动企业更持久的发展。

二、安身（职业素养）——坤：地势坤，君子以厚德载物

从卦象看，坤卦的本质是"柔顺有德"，提倡这点在当今快餐式与英雄主义当道的职场文化中更具现实意义。事实上，只有具备较高的职

业素养、突出的人性品德，才能胜任高管的职位，否则德不配位，即便一时得势，也很难长久，更不会长期管理好团队。笔者认为，职业素养的修炼，同样经历七个阶段（见图5-7）。

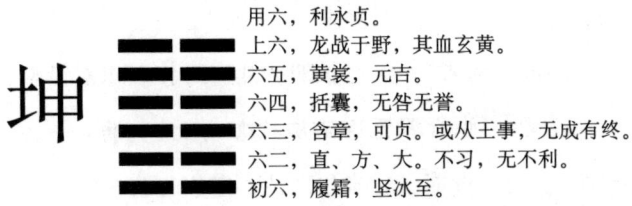

图5-7 坤卦

坤卦第一爻（初六），"履霜，坚冰至"。踩到霜，我们就知道离厚厚结冰的冷日子不远了，这一爻讲的是依据变化次序来定位自己。同样，初入职场我们要先了解企业的愿景规划、规章制度、组织架构，依据这些来认识自己的岗位与工作内容、人际环境，从而做出清晰的定位，在工作初期做到不越级、不掺和，踏踏实实做好分内的工作。

六二爻"直、方、大。不习（熟习），无不利"。这里讲的是要"以正处世"，做到公平、正直、气度宏大。在公司不动心机，不攀缘结派，不谋求私利，公平公正做事。如此，即使不熟悉环境，甚至业务还不熟练，也将没什么不利发生。

六三爻"含章，可贞。或从王事，无成有终"。六三爻的主题是"善始善终"，一旦认准业务可行就要坚持到底，这样就算不成功，也会有好结果。我们经常可以看到，很多公司受益最大的人，往往不一定是最有才华、贡献最大的员工，多数时候恰恰是能够跟随企业一路走下来的人，频繁换工作是职场大忌。

六四爻"括囊（扎紧口袋），无咎无誉"。一路走到第四阶段，作为企业中历经沧桑的老员工或中层管理者，更应"内敛谨慎"，不骄不躁，就像扎紧的口袋一样，不贪功、不懈怠、不摆老资格，这样即使没有赞誉（时机未到），也不会有责难。

六五爻"黄裳，元吉"。经过长期的扎实工作、积蓄经验、培养人气，到此一个人的职业素养无论是从状态（元）、职位（裳）、气质（黄）都达到了巅峰。此时，宜当仁不让，担负起公司的重点工作及核心岗位。

上六爻"龙战于野，其血玄黄"。在此阶段，阴气达到极限而必将交战于阳，不利企业与个人发展。所以，此时切忌工作中喧宾夺主。虽然有了一定贡献，取得较大成绩，但更应认识到自身定位，不要贪功求大、重利忘义，以至于跟上级、下属员工发生不必要的冲突。

与乾卦一样，坤卦为解决这个问题也提出了建议——"用九，利永贞"，就是要始终秉承正直、公平、不谋私利的原则做事，就无所不利。

"自强不息、厚德载物"是乾坤两卦的精神实质，同样也应成为职业经理人在设计职业规划、培育职业素养时牢记的信条。所谓孤阴不生、独阳不长，要走好个人职业发展之路，同样需要职业规划与职业素养并重（提升），才能达到阴阳调和、刚柔并济的境界，发挥出个人的最佳潜能。

（曹国辉）

第五节　艰难的选择：中年职业生涯转型

人到中年往往是个特殊的发展阶段。有的懂得舍得，从容坦荡；有的淡泊名利，见好就收；有的豪情不减，挑战极限；还有的执着小利，烦恼抱怨。身边的多数人到了中年，无论愿意与否，事业都会有一个变化转型的过程，对此我也略有思考，愿与诸君共享。

一、职业转型原因

一般来说，从业 20 年左右，很多人会对现状有所不满，需要转型，这又分成几种情况。有的人想要职业转型是因为所在行业逐渐衰落为夕阳行业或所在企业效益滑坡；有的人是对当前岗位工作得太久产生职业疲劳，干起活来枯燥无味、没有激情；有的人到中年上有老下有小，家庭生活压力日重，无法承担原来的工作强度；也有的人由于环境与技术变化太快，无法跟上职位要求的节奏与技能；还有一部分人，原来的事业已经比较成功，人到中年后想逐渐从追求企业价值向追求行业贡献和社会价值转变。总而言之，人到中年职业转型大体可以分为三大类原因：一是生活或能力所迫；二是不满现状，要摆脱枯燥；三是想要实现更大的自我价值。

二、决心与选择

无论是什么原因推动或强迫我们思考职业转型问题,在下定决心的时候,我们都要三思而后行。当今世界,科技变革日新月异,很多岗位都逐步被技术替代、淘汰。所以我们要时刻提醒自己,舒适往往就意味着保持现状。有时,当前不理想的工作与生活状况,要靠舒适、麻痹的假象和无动于衷的心态才能把我们维持在现有位置。在下定决心、选择转型之前,人们有时仅仅因为害怕改变,并没有意识到自己可能就是那个真正强大的人,自己20年的资历、经验、人脉应该足以胜任更好的工作(如果你混了20年那最好还是接着混吧,呵呵)。

经过深思熟虑,下定决心后,我们将面临五种选择:一是维持现状,二是更换行业或专业(风险较大要慎重),三是换个新单位或职位,四是做个自由职业者或志愿者,五是独立创业或合作创业。

三、准备与行动

中年职业转型与年轻人跳槽换工作不同,不仅要事前做好规划,如果转型后职位或工作内容变化较大,还要留出相对较长时间来做准备工作。如图5-8,现在本职工作占你的总工作时长与投入精力为100%,那么在准备阶段,就应该逐渐开始分出一部分时间和精力来培养你预期转型的事业了。经过一段时间的准备,可以进入并行阶段,将当前本职工作与预期转型事业并重发展,可以精力各半。到了最后的转型阶段,可以日渐加大预期事业的工作时长与精力,并开始正式找机会实施转型,如应聘、创业等。

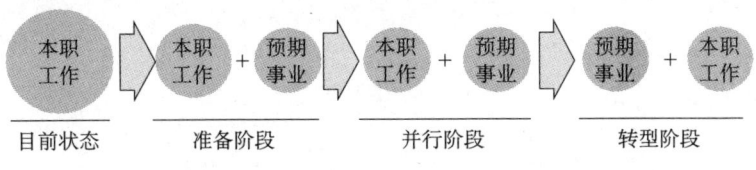

图 5-8　中年职业规划准备与行动

具体采取行动时，要注意几点。第一，要有相对明确的转型目标。起码应该聚焦到行业或专业层面。有了目标就有了方向，这时才可以采取行动进入准备阶段。第二，要有接受挑战的心理准备，整个转型阶段你所要承受的压力肯定是远大于你之前的一般心理承受水平。第三，要准备知识、技能与人脉，这一点至关重要。如果不具备一般行业人士平均水平以上的知识、技巧、能力、人脉，对于中年转型的你而言，是绝不会成功的。大多数时候，这需要利用到原来工作积累下来的经验和能力，如共性的基础技术、有关联的人脉、通用的专业技巧（销售等）。所以，跨越太大的转型，就像是无源之水、无本之木，实现难度实在是太大了；第四，要做好付出巨大代价的心理准备，事业转型必须要付出比同龄人更多的时间、精力和家庭生活。这一切不仅需要你自己来承受，还需要得到你家人的大力支持。

选择是快乐的，也是痛苦的。无论如何，正是你自己做出的选择塑造了你、成就了你！

（曹国辉）

第六节　人要有个人样，不能总靠撒娇讨生活
——驳《男到中年不如狗》

近几日，朋友圈又刷爆了，因为网络热文《男到中年不如狗》，善良的朋友们都说看了很感动，"热泪盈眶"，于是我也仔细看了一下。看完文章，我却很愤慨，又看一遍，冷静下来，感觉很悲哀。

作者前几段文字配以悲惨的照片，只为博取眼球，说得并不明白。第六段，作者开始阐述观点："中年男人是父亲、儿子、老公，唯独不是自己"。我想问，你要做什么？反过来说，要作自己而一定不要成为父亲、儿子、老公吗？两者矛盾吗？难道逃避自己的身份能带来快感吗？又或者说，中年女人也可以只作单纯的女人，而不作"母亲、女儿、老婆"，那将会是怎样的场景？

第七段作者主要的观点是"中年男人处在一个卖笑的年龄，一切都是在迎合别人"，但最后一句作者说出了心里话"几年前我们还是父母捧在手心的宝"。没错，其他的言语都是铺垫，作者想说的是中年男人还该继续作"宝"。千言万语化作一个姿态——撒娇！那我又想问，作为垂垂老矣的父母就该为你这"宝"来承担起本该是你的责任吗？你的

儿女呢？他们又该向谁撒娇？

第八、第九段中，作者进入了"撒娇2.0版"，提出"男人没人依靠""其实男人比女人脆弱得多"。多可怜啊，没有肩膀靠着哭。于是，我又想问，真的没人关心你吗？其实，我想更多应该是你只顾着自叹自怜了，以至于忘了儿女膝下承欢，忘了父母依依不舍，忘了妻子的拳拳爱意。你想看什么，世界就会把什么呈现在你心中。

最后一段，作者将全文总结为一句"中年男人不如狗"。且不论这是否代表对中年男人或狗的侮辱。就事论事，你认为狗就没有压力吗？狗也要看主人的脸色，脖子上勒着项圈与绳索，过着接受他人赏赐的生活，也要表现得很乖才有肉骨头。那其他人呢？孩子们的学习压力，老人们的病痛迟缓，女人们的操劳持家，大家都要以怎样的撒娇，怎样的特立独行、摆脱责任，才能找到所谓的幸福呢？

看罢全文，我想拍案说一句：要做狗你去做。作为中年男人，我想活出个人样来。

平心而论，我认为作者不见得这么悲观、颓废，这不过又是一篇网络热文罢了。最近，网上此类热文很多，从中年油腻男到庸俗女，再到不如狗，到处充斥着不负责任、顾影自怜的文字。不可否认，文章取得了巨大的成功，阅读量远超100000＋，但这种文章是我们需要的吗？它又能为我们带来什么？

移动互联年代，手机称霸全球。哲学已死，好文章死得更透，只留下无穷无尽、苍白乏力、自怨自艾的语言碎片。想要写出广为人知的文章，是依靠描述转瞬即逝的视觉冲击，或是书写暴力、颓废、堕落的惊鸿一瞥，还是作华而不实的标题党、散发铜臭的刷粉狂？绝不！我只是努力跟上这快速发展的时代，阐述现实背后的真相，我想这才是我们这个时代有意义的文字，希望同时也能成为有人去读的文字。若不然，又有何妨？当繁华散尽，不忘初心，方得始终！

（曹国辉）

第七节 天才是怎样炼成的

前几天，与几位朋友吃饭，席间谈到一个话题——天才是能够培养出来的吗？各位朋友都有不同看法：有的认为，天才是环境影响出来的；有的认为，是教育的结果；有的说，是个人禀赋的不同；还有人认为，只能在特定历史条件下才能出现天才。大家说法不同，但都一致认为只是单靠培养或勤奋（传统教育的说法）是无法造就天才的。

夜里回到家中，觉得这个问题挺有趣，又上网查了查，发现大家说的基本不差，网上也有此几种说法：机遇说（历史条件）、基因说（个人禀赋）、勤奋说（代表是高尔基的观点，天才来自勤奋）。总的来说，专家们也都认为天才产生是个体与环境冲突的结果，并非单靠培养就能成就天才。

天才分布于不同领域，军事、艺术、科学、哲学、商界、宗教、政治等各行各业都出现过顶尖的天才人物。天才们具有一些共性，如创造性思维（灵感）持续时间长。牛顿每天起床在床边思考科研问题，经常几个小时，有时甚至到了午餐时间，可见其思维耐力之高。还有，天才们的专注力和抗干扰能力很强。古希腊学者毕达哥拉斯出席朋友宴会，发现脚下地板图案新奇就蹲下来研究，以至于忘了聚会及周围的人们，"勾股定理"就是这样被发现的。此外，许多天才还具有孤独、内向、偏执、自闭等特点。

那天才又是通过何种途径修炼而成的呢？席间一位朋友的话给我很大启发，结合他的说法，我想通往天才之路可有五条。

一、生活所迫——"勤"之路

商业天才李嘉诚幼年生逢乱世，颠沛流离，父亲早逝，他为生活所迫努力工作养家，后创办长江实业，事业渐入辉煌。金庸笔下武侠世界中的郭靖也是此类人物，他遗腹子出身，自幼寄居异族，为了师父们跟别人的赌约学习武功，傻傻的郭靖仅凭借一股纯粹、质朴的韧劲，勤学苦练，不仅学会了降龙十八掌，当上了天下第一帮的帮主，还成为爱国护民的抗元英雄，无愧大侠之称，他的天才修炼之路，我称之为"勤"。

二、兴趣所在——"痴"之路

20世纪最伟大的科学家爱因斯坦属于此类天才，以往媒体往往热衷告诉我们，爱因斯坦年轻时呆呆的一面，其实他自幼痴迷数学，12岁自学欧氏几何，16岁自学微积分，到了26岁就创立了狭义相对论。射雕群侠中的老顽童周伯通自称"武痴"，由于被困桃花岛无人比试，发明了自己跟自己打架的神奇武术"左右互搏"，他当属由痴成才的典范。

三、信仰所致——"信"之路

唐代高僧玄奘法师是走信仰之路的天才。他自幼出家，于贞观元年西行5万里，历经艰辛到达印度那烂陀寺学习真经。17年游学全印度，学成大小乘佛法，贯通经律论三藏学识，被称为当时中印佛教第一人，后译经千余卷，创唯识宗，流芳千古。武侠世界中的西毒欧阳锋当属此种天才，他为追求天下第一的名号（信仰），不惜一切手段取得《九阴真经》,后来逆练真经居然成功,可谓武学怪才之极。

四、天赋异禀——"聪"之路

近年来,越来越多的科学证据表明,由于基因差异,每个人自然禀赋确实有很大不同。文艺复兴时期的天才科学家、发明家、画家、生物学家——达·芬奇就是史上少有的全才,他多方面的成就都十分突出。据记载,他每天平均只睡90分钟,每隔4小时打盹15分钟,其他时间都用来思考,所以他还在音乐、建筑、数学、天文、地质、雕塑等领域也有所建树。射雕群侠中的东邪黄药师也是此类人物,他不仅武功超群,还通晓五行八卦、奇门遁甲、琴棋书画、经济兵略,可谓全才。

五、天时地利——"合"之路

还有一种天才修炼之路,是以上四种途径的综合体。这种天才多出身贫困,却有青云之志;知识广博,却专心务实;信念坚定、始终不渝;天赋异禀、精力充沛,如孔子、曹操、毛泽东等当属此类天才。武侠世界中的杨过也是这种天才,他幼丧父母,寄人篱下,为至苦之人;与神雕、郭襄为友,是至趣之人;其父虽是大恶自己却不沉沦,以一己之力对抗异族,为至纯至真之人;与小龙女爱情坎坷,几经离别至死不渝,为至情至性之人。在金庸笔下的群侠中,杨过的天才试炼之路最为波折。

这五条通往天才之路都不容易。这里既有个人的汗水、坚强的信念、环境的压力,也有机缘巧合。我想,可能这也是天才百年难遇的原因吧。

(曹国辉)

第八节　职场之怒

春节过后，果遇离职高峰期。最近，与几位年轻同事朋友，聊了些离职的话题，深有感触，特做此文。

与以往不同，当下年轻员工离职，多是满腹怨气，待遇不好、薪酬不高、办公地点远、年轻人要追求自由等。总而言之，模式是：环境不好—抱怨愤怒—张扬个性、寻求梦想（但梦想是什么，往往还没想好）。

起先，我并不理解这种心态，但多想想也能接受。毕竟，现在的经济状况与从前不同，八九十年代的社会中家庭财富不够，无法支撑当时的年轻人追求个性，现在的年轻人有了父母的经济支持，所以不会面临过多，起码的生存压力，自然关注点就放在自由、理想、个性上了。

但工作环境不好，就应该抱怨、愤怒，以至于拂袖而去吗？我想，就任何一种生物而言，达尔文告诉我们的要"适者生存"不是没有道理的。事实上，不存在理想的公司环境，地点、文化、薪酬、资质、同事……或多或少，总能发现某个公司的问题。关键是我们的应对心态，我们是否做出了足够的努力，获取、积淀了更多的知识和能力。孟子说："天将降大任于斯人也，必先苦其心志、劳其筋骨。"如果遇到一点儿小小的挫折与困惑，我们就选择愤怒，进而逃避，那怎么能得到更大的成功呢？须知道，成功与机遇往往青睐那些被压力试炼过的，有担当、有能力、有经验的人才。

遇到挫折、遭遇不公时，有些抱怨、愤怒是正常的，关键是选择好处理愤怒的方式，不同的处理方式会带来不同的结果。屈原长期处于"信而见疑、忠而被谤"的环境中，于是做《离骚》以显其怨，结果自然适得其反，最后只能投汨罗江以发其怒了。吴三桂遭遇李自成食言背叛，激动之下"冲冠一怒为红颜"，结果引狼入室，留下汉奸的千古骂名。

著名的秦晋崤之战时，晋国勇士狼瞫以军工封车右（将军），但后来被元帅先轸无故免职，可谓不公。狼瞫大怒，其朋友也为他愤愤不平，给他建议：不如杀了先轸造反解恨。狼瞫说：这是无义之勇，不是大勇，死了也于事无补、空留骂名。接下来，在彭衙之战，狼瞫不顾性命，奋勇当先大败秦军。他选择了战死沙场求得大勇，令先轸拜服悔恨。《春秋》评价其："怒不作乱，而以从师，可谓君子。"

是啊，环境不好、生活不公，我们都曾遇到，也都有所抱怨，但愤怒之余，既可以像屈原那样选择放弃，也可以像吴三桂那样选择狭隘，还可以像狼瞫那样化愤怒为力量，做对的事情，学习更多知识，积累更多经验，获取更多技能，以更积极的心态和行动证明更优秀的自己，准备好迎接下一次更大的机遇！

（曹国辉）

第九节 从"正义联盟"到"打防控一体化"

周末闲来无事,去看了正在上映的大片《正义联盟》,在巨幕影厅震耳欲聋的轰鸣声中,我想到了"安全"(没错,似乎有点严肃得无趣)。

众所周知,漫威的英雄世界里,地球与人类无时无刻不面临着灭顶之灾。本质上讲,超级英雄们就是为解决安全问题而生的。所谓"安全",无危谓之曰安(避免危险),无损谓之曰全(减少损失),而实现安全就离不开三种手段:预防、控制、打击。

我们先来看看,作为"安全"三大护法之首的"预防"(近十几年来安防的重心已经从控制、打击转变为预防了)。在我看来,漫威的世界中,复仇者联盟是最成功使用"预防"手段的超级团队。这个由美国队长、钢铁侠领导,雷神、绿巨人、黑寡妇、鹰眼等加盟的组织,他们的口号是"如果我们无法保护地球,那至少还能为她复仇"——多么赤裸裸的威胁。所以说,复仇者联盟成立的目的是"预防",依据的工具是"威慑",实现的手段是"复仇"。在"强大的神力(雷神)+领先的科技(钢铁侠)+原始的蛮力(绿巨人)+神奇的魔法(奇异博士)"组合之下,无论是神仙(洛基)、机器人(奥创),还是邪恶组织(九头蛇）都不堪一击。威慑的力量为人类赢得了喘息之机。

接下来，我们看看"安全"三大护法之二"控制"。在漫威的世界中，X战警系列就很好地诠释了这一手段的应用。表面上看，X战警讲的是X教授与万磁王两派之间的战斗，但究其实质，讲的是变种人与人类之间矛盾的冲突演化。因此，我认为X战警的主题（目的）应该是"和谐"，实现手段则是"控制"。为了少数变种人与广大人类和谐共处，我们看到，X教授和万磁王这正邪两派都祭出了"家人·团结"这个大旗，不同的是X教授认为达成"和谐"需要隐藏超能力，甚至讨好人类，所以他办了变种人学校，教育变种人控制能力、隐藏自己、帮助人类；而作为曾经领教过奥斯维辛集中营的万磁王则创办了"变种人兄弟会"，通过与人类斗争来争取力量均衡，达成和谐共处。由此及彼，我们看今日的世界，这两种手段依然是少数族群或弱势群体争取生存的主流方式，无论是朝鲜、中东（斗争），还是日韩（讨好），与美国这种超级大国相处之道无外乎此两种。

最后，我们看"安全"的终极护法——"打击"。在漫威的世界里，这个力量用的最好的是"正义联盟"。这个拥有超人（最强打击力）、神奇女侠（宙斯之女）、海王（亚特兰蒂斯王子）、闪电侠、蝙蝠侠、钢骨的英雄组织，打击指数无疑是最强悍的。可以说正义联盟成立的目的就是实施打击，实现的方式则是无所不用其极（这点估计漫威迷不认可，但看看他们把死超人复活，就知道他们的道德准绳有多 low 了）。在"正义联盟"电影中，我们看到，首先是超人之死，威慑力不再，因此"预防"手段失效。随着强大的宇宙荒原狼狂猛进攻，"控制"也无所适从，这样"打击"这种手段就必然摆在台面上了，正义联盟由此诞生。

刘慈欣在《三体》中对预防、控制、打击三种手段也有精彩描述。三体人在利用科技锁死地球人发展科学的能力后，出动了庞大的宇宙舰队直扑太阳系，人类则利用三体人思维透明（不会说谎）的缺陷，制订了"面壁计划"，并成功地依据"宇宙黑森林法则"（一旦被发现，就会被他人消灭），建立了威慑力量（预防），阻止了三体人的入侵，使地球与三体达成了脆弱的战略平衡（控制），但事实上平衡是很难长期维持的，因此当"面壁计划"的领袖（持剑人）更替之际，均衡迅速被打破，三体神秘武器"水滴"攻击了地球（天下武功无快不破），黑暗来临……

可以看出，无论是三体人还是地球人，分离的"打击""控制""预防"战略，都无法长期保护"安全"。在真正面临复杂的安全问题时，最好的办法应该是三策合一，即所谓的"打防控一体化"思维。我想，这也就是习主席指出的"完善立体化社会治安防控体系（打防控并举，一体化发展），提高社会治理整体水平"的本意吧。

（曹国辉）

第十节　孝之难，在于敬

最近，老父住院，医生起初判断病危，经过一番检查，所幸病情比预想得轻，着实吓得我不轻。看护期间，有人夸我孝顺。现在心情平复下来，静心反思，其实很是惭愧。

中国自古就是礼仪孝义之邦，我理解国人所说的孝道，应有五层境界。第一层可称之为"律"，所谓"爱惜自身，孝之始也"，健康的身体、规律的生活，不给父母增添负担是起码的孝顺；第二层为"养"，有稳定的收入来赡养父母，有闲暇的时间来陪伴父母，做到"你养我小，我养你老"，是孝道的基础；第三层为"忧"，古人讲"父母唯其疾之忧"，既不让父母为自己过分担心，还要定期关注父母的身心健康，这种牵挂不是负面的忧心忡忡，而更多是亲情的自然流露。前三层孝道，我自认为做得还可以。

第四层境界，我称之为"敬"，这一方面我做得很不好。近两三年甚至常与父母为各种小事、观点争执不休。前天，妻子发给我一篇网络热文《人最大的教养，是原谅父母的不完美》，看得我热泪盈眶。我发现很多人都因为"经常向父母争执、说教"而良心不安。其实我们更应该像他们爱小时候的我们一样，去设身处地的理解、感受、爱他们。

孔子在两千多年前就批判：孝不光是养，犬马之流皆有所养，不敬，哪能体现出人伦大道？说得很有道理，但具体做起来，不知为什么，我就时常感觉很难。直到决定写下这篇文章时，我才想通。其实犬马等低级动物，究其一生只为基本的生存压力和繁衍后代而活着，而我们人类经过近万年的文化传承，孩子一出生便活在大人编织的美丽童话世界中，他们不愁衣食，没有生存压力，对于中国人来说孩子主要的支撑力量一直是父母，他们提供了安全感和所需的一切东西，父母就是我们的"神"。直到我们长大成年时，突然发现父母们并非想象中强大，甚至不比街边的老王、老李更强大，"神"的形象瞬间土崩瓦解，我们意识到他们只是长大了的孩子，与我们有着同样的脆弱和恐惧，而年老体衰的他们有时还显得比我们更加焦虑和缺乏安全感。我意识到，不愿意接受（或者说是不希望）父母变老、变弱才是我们争吵、辩论、发脾气、指责的根源。本质上讲，这也是一种"爱"，只是我们的表达方式和认知角度并不正确（有些自私）。"孝"字上老下小，有承其亲、顺其意的含义，我们应该体会、接受父母并非完美的事实，选择"敬"与"顺"，而不要像遭遇困境的鸵鸟，把头深埋土中，选择视而不见的固执与排斥。孝顺不是让我们觉得好，而应该是让父母觉得好。

第五层境界为"显"。立身行道，事业有成，彰显父母，孝之终也。这一层孝道，受天资及环境所限，只能尽力而为，结果如何，我并不遗憾。

（曹国辉）

后 记

首先感谢我的朋友罗军与崔岱远,我是一个懒散的人,是他们的鞭策和帮助,促成了这本书的完成。同时感谢文丛的各位编委,他们是罗军、靳秀凤、王永刚、陈沛、李仲男、曹国辉、刘思、郭耀彤,正是他们的专业博学,指出了书中的不足之处,使本书以更专业的知识、更丰富的内涵面对读者。感谢中国财政经济出版社的编辑刘孺泾和中安信联的编辑赵琳、苏艳敏,她们严谨、细致的工作使本书的文字令人满意。还要感谢那些曾向我们提供素材、建议和抱怨的朋友们,那些会议中、酒席间、茶馆里跟我们畅谈,激发我们灵感的朋友们,你们的建议与支持是我们写作的创意源泉。

最后,感谢中安信联(安防帮)的会员朋友们。为你们持续服务、帮你们的企业转型升级,是出版"中安信联文丛"的主要目的,希望本书能帮到你们,同时希望能得到你们的意见与建议,真诚地希望与你们有更多的交流互动(扫描封底二维码)!